丛书主编：霞子

万物皆有理

地球中的物理

国连杰　申俊峰　著

电子工业出版社

Publishing House of Electronics Industry

北京·BEIJING

未经许可，不得以任何方式复制或抄袭本书之部分或全部内容。
版权所有，侵权必究。

图书在版编目（CIP）数据

万物皆有理. 地球中的物理 / 国连杰，申俊峰著. — 北京：电子工业出版社，2023.3
ISBN 978-7-121-45144-7

Ⅰ. ①万… Ⅱ. ①国… ②申… Ⅲ. ①物理学－少儿读物 Ⅳ. ① O4-49

中国国家版本馆 CIP 数据核字（2023）第 037937 号

责任编辑：仝赛赛　吴宏丽　文字编辑：马　杰　常魏巍
印　　刷：河北迅捷佳彩印刷有限公司
装　　订：河北迅捷佳彩印刷有限公司
出版发行：电子工业出版社
　　　　　北京市海淀区万寿路 173 信箱　　邮编：100036
开　　本：889×1194　1/16　　印张：10　　字数：208 千字
版　　次：2023 年 3 月第 1 版
印　　次：2023 年 3 月第 1 次印刷
定　　价：160.00 元

凡所购买电子工业出版社图书有缺损问题，请向购买书店调换。若书店售缺，请与本社发行部联系，联系及邮购电话：（010）88254888，88258888。
质量投诉请发邮件至 zlts@phei.com.cn，盗版侵权举报请发邮件至 dbqq@phei.com.cn。
本书咨询联系方式：（010）88254510，tongss@phei.com.cn。

前言

大千世界中有无数千奇百怪的自然现象，这些看起来似乎是偶然的、独立的，其实"万物皆有理"。物理，是人类探寻万物运动规律和物质基本结构的一门学问，是人类认识世界和发展科技最基础的理论支撑，是青少年在成长过程中必须掌握的知识体系。

很多初中低年级学生和小学生对物理不感兴趣，觉得它枯燥难懂。这在很大程度上是由于最初的物理启蒙不足。单刀直入地传授物理知识，容易让孩子们望而生畏。《万物皆有理》就是一套衔接小学科学课和初中物理课的富有故事性的科普读物。

没有科普的沃土滋养，就没有科学幻想的繁花似锦。所以，进行物理启蒙教育，是激发青少年探索自然秘密的奠基工程，是从根本上提高青少年科学探索兴趣和想象力的有力措施。

这套书以传播物理知识、培养科学的思维方式、传递科学思想、科学精神为中心，通过科学家"大手拉小手"的方式，引导青少年从身边的生活、地球、海洋、天文、大气等不同领域，用"十万个为什么"的思考方式，探寻其中的物理原理和自然规律，了解科技史，领略科学家奇思妙想的由来，打开对未来科学发展的想象空间。大自然是神奇的，科学是不断进步的，很多未解之谜还等待着我们去发现和探索。

少年强则国强。少年强不仅仅在于他们掌握了多少科学知识，更重要的是科学思维方式的建立，以及崇高人文情怀的培育。

编　者

- 006 世间万物皆有引力
- 010 从微小尘埃到完美行星
- 014 地球为什么是"圆"的
- 018 谁在推着地球转动
- 022 地球"芳龄"多少
- 026 给地球做个"B超"

- 030 地球的"肚子"里为什么这么热
- 034 地核"发电机"
- 040 地磁场危机来袭
- 044 你的体重是多少
- 048 他用"土"法巧测地球
- 052 潮汐力与固体潮
- 056 人类能钻通地球吗

- 060 魏格纳和他的"大陆漂移"假说
- 064 洋底"巨龙"——大洋中脊
- 068 此生彼亡 更新换代——海底扩张说
- 070 塑造全球的力量——板块构造学说
- 074 高高的山上有条鱼
- 078 山高万仞，始自何处——说说高山与海拔
- 084 珠穆朗玛峰能"长"多高

目录

- 088 掉到地上的小星星
- 092 小河为何要弯弯
- 096 灭绝谜案——6500万年前的那一天发生了什么
- 102 鸟的地磁导航之谜
- 106 地球"发脾气"了——火山爆发
- 108 这些火山真奇特
- 112 奇妙的矿物——热电转换器

- 116 矿物颜色万花筒
- 122 金刚石是怎么"炼"成的
- 126 石油是怎么形成的
- 130 煤是如何形成的
- 134 神奇的稀土
- 138 玄武岩的精彩
- 142 地震是怎么回事
- 146 为什么地震不能预报,只能预警
- 150 地震来了怎么办

世间万物皆有引力

为什么苹果从树上往下掉，而不飞向高处？为什么瀑布"飞流直下"，而不"飞上九天"？为什么人跳起来后会回落到地上？为什么海洋会有潮起潮落？为什么地球和其他行星在太空中像钟表一样规律而准确地运行，却没有掉下来？……

这些现象背后的奥秘是什么？是什么神秘的力量在支配着它们呢？

艾萨克·牛顿是英国著名的物理学家、数学家，著有《自然哲学的数学原理》《光学》等。

万有引力的发现

牛顿在1687年的《自然哲学的数学原理》中写道:"任何两个物体之间都存在相互作用的引力,引力的大小和两个物体质量的乘积成正比,与两个物体之间距离的平方成反比。"

宇宙中任何两个物体,无论是庞大的恒星天体,还是微小的尘埃颗粒,只要有质量,哪怕"轻如鸿毛",都会产生相互作用的引力。引力的大小只跟物体的质量和物体之间的距离有关与物体的成分、形状、体积和颜色等没有关系。在距离不变的情况下,物体的质量越大,引力越大;物体的质量越小,引力越小。同样,如果质量不变,那么两个物体之间的距离越近,引力越大;距离越远,引力越小。

引力是宇宙间一种最基本的自然力,太阳就是用引力把八颗行星和数以亿计的小天体"笼络"在它的周围,使它们像钟表一样准确、有序地运行。

地球也用引力"拽住"月球,把它约束在约38万千米的地方,让它时刻相伴,围绕着地球旋转。

知识小卡片

万有引力 宇宙中两个物体之间的吸引力,简称"引力"。为纪念牛顿这一伟大发现,人们把表示引力大小的单位规定为"牛顿"或"牛",符号为N。

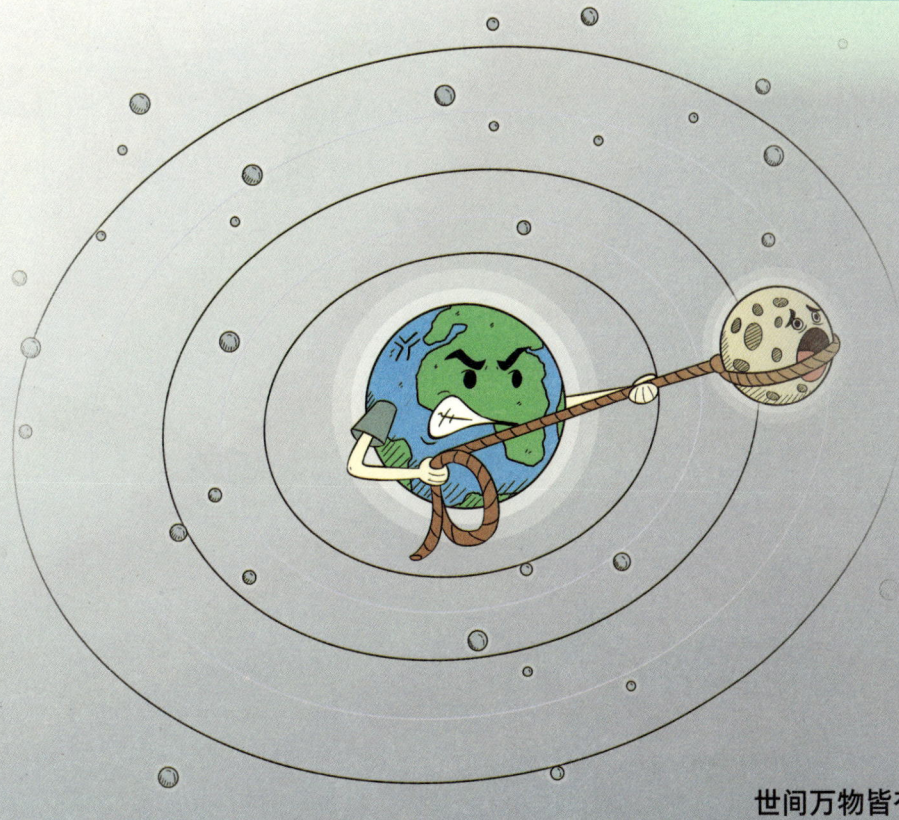

引力≠重力

地球表面上的每一个物体都会受到地球引力的影响，人们把这个引力叫作重力，也就是我们平时所说的物体的重量。物体的重量应该用"牛顿"或者"牛"表示，而不是用千克、克或者公斤表示，例如，这个箱子重500牛。

不过，由于地球自转，重力与引力并不相等。因为当地球自转时，地球上的物体也跟着转，这时物体就会受到一个向外的离心力，就如同坐旋转木马一样。当木马快速旋转时，人们会有一种要被"甩出去"的感觉，而且坐得越靠外，这种感觉越明显。为了不被"甩出去"，就需要一个往里"拉"的力来抵抗离心力，这个"拉"力就叫作向心力。

地球的向心力是由引力提供的，是地球引力的一部分，所以地球的引力就等于重力加上向心力。

同一个物体，在地球上不同的地方，所受到的向心力的大小不一样，重力大小也就不一样。赤道上的向心力最大，重力最小；往南北两极方向，向心力逐渐减小，重力慢慢变大；到了南北两个极点上，向心力等于零，此时的重力最大，等于引力。

由于地球的向心力很微小，大约只占地球引力的0.345%，所以人们认为物体在地球表面的重力近似等于它的引力。

在地球引力的牵引下，地球表面或附近的所有物体都会有向着地心方向运动的趋势。苹果落地、水向低处流、石头滚下山等现象，都是由于受到了地球引力的作用。

物体的质量与引力

万有引力是物体间相互作用的力，地球吸引苹果，同样苹果也会吸引地球，可为什么我们只看到苹果往地上掉呢？

事实上，苹果的引力也在时刻吸引着地球，"拼命"地把地球往它身上拉。但与地球 60 万亿亿吨的质量相比，苹果的质量实在太微不足道了。苹果与地球的较量就如同蚂蚁与大象拔河一样，地球纹丝不动，苹果却被硬生生地拉过去了。

既然这样，地球表面的物体为什么没有因为引力而贴到一起呢？

> 假如你和同学的体重都是 50 千克，当你们相距 1 米时，你们之间的引力有多大呢？答案可能会让你大吃一惊，只有大约 1.7 微克的力，相当于一粒大米重量的 1/8800，非常微弱。所以，你们根本无法感觉到在相互吸引，更不可能因为引力而贴到一起。

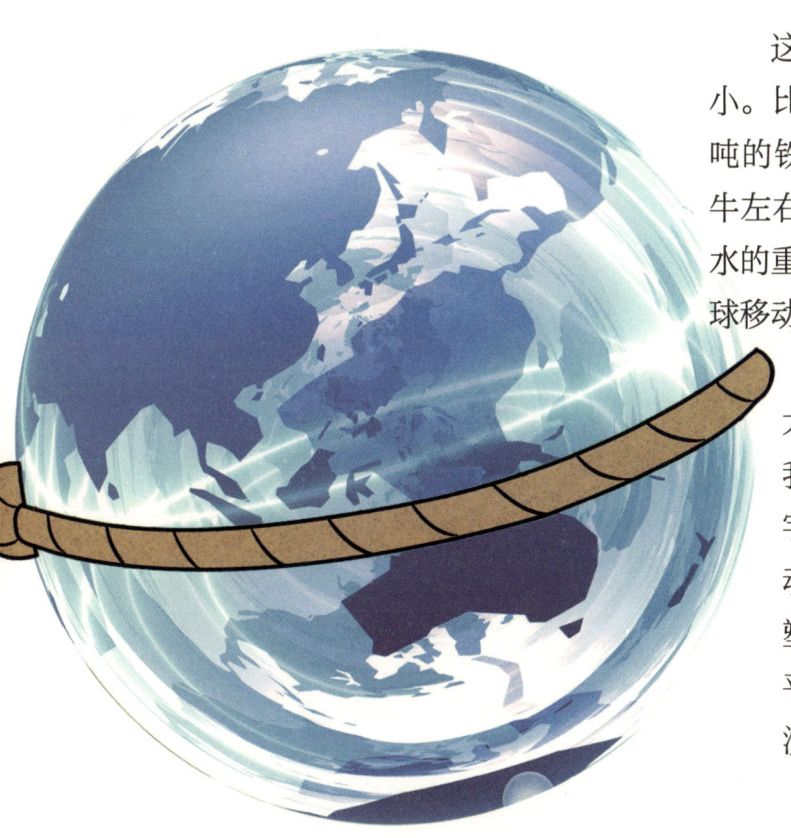

这是因为地球表面物体之间的引力都很小。比如，两个直径均为 1 米，质量均为 4 吨的铁球，它们之间的引力只有 0.001067 牛左右，相当于 0.109 克的力，约等于两滴水的重量。这么一丁点儿力，怎么能让两个铁球移动并贴到一起呢？

万有引力是 17 世纪自然科学最伟大的发现之一。万有引力无处不在，与我们每个人都息息相关。它不仅塑造了宇宙的形貌与秩序，而且支配着天体运动。地球的引力创造和改变着自身形态，塑造了海洋、高山、峡谷、丘陵、沟壑、平原等地形地貌，也影响着地球生命的演化和发展。

世间万物皆有引力

从微小尘埃到完美行星

在浩瀚无垠的太空中，飘浮着数万亿个天体，仅银河系就有几千亿颗像太阳一样大的恒星。直到今天，在我们所了解的天体中，却只有一颗有生命的蓝色星球，就是地球。

46亿年前，这颗蓝色星球并不存在。它是什么时候诞生的？又是如何形成的？组成它的元素和物质又来自何方？是什么神奇的力量让它从无数天体中脱颖而出呢？

要揭开这些谜团，我们必须追本溯源，从宇宙诞生的那一刻开始，重现这段跌宕起伏的历史画面。

宇宙的诞生

有些天文学家认为，宇宙起源于一个"点"。这个"点"体积特别小，但密度和温度无限高，能量无限大，科学家把这个点叫作"奇点"。

约138亿年前的某一个时刻，这个"奇点"发生了"爆炸"，爆炸后所产生的能量转变成了物质，时间和空间也应运而生。随着温度的降低，这些物质形成了星系、恒星和气团，最后经过漫长的演变，形成了如今的浩瀚宇宙。科学家把这个"奇点"爆炸称作"宇宙大爆炸"，也就是说，如今的宇宙是被"炸"出来的。

①

恒星的核聚变

在恒星的核心，首先氢聚变成氦，然后氦聚变成碳和氧，接着碳和氧聚变成硅，最后硅聚变成铁。也就是说，恒星核心的核聚变反应是从氢开始的，其他物质都是由氢一步一步地聚变而来的。但当聚变到铁时，恒星再也变不下去了，所以恒星核心的核聚变最多只能变到铁，比铁更重的元素是在超新星爆发时形成的。核聚变除温度和压力要达到一定条件外，还要产生的能量比吸收的能量多，氢、氦、碳、氧等元素聚变时都是产生的能量比吸收的能量多，但铁元素聚变时吸收的能量比释放的能量多，因此，它就没有足够的能量使核聚变继续进行下去，所以一般恒星聚变到铁就停止了。

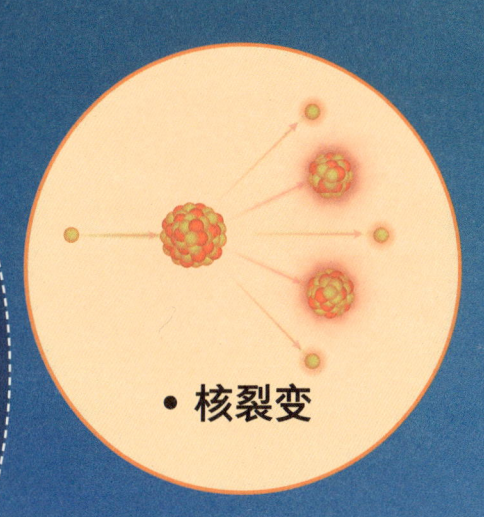

• 核裂变

• 核聚变

第一批恒星形成

"宇宙大爆炸"后约2亿年，宇宙中形成了第一批恒星，它们主要由氢元素构成。由于恒星自身质量很大，强大的引力使它们不断受到压缩，体积越来越小，而温度越来越高，压力越来越大。当温度达到约1500万摄氏度，压力约2000亿个大气压时，恒星的核心发生了核聚变。

知识小卡片

核反应 核就是原子核，核反应就是在特定的温度和压力下，使原子核发生反应，重新组合，并释放出巨大能量的过程，包括核聚变和核裂变。

核聚变 几个小原子核合并成大原子核，比如，我们常听到的氢弹，就是利用氢的核聚变反应所释放的巨大能量制造的核武器。

核裂变 大原子核分裂成几个小原子核，期间会释放巨大的能量。原子弹就是利用核裂变原理制造的核武器。

从微小尘埃到完美行星

4 超新星爆发

"宇宙大爆炸"约 90 亿年后,也就是距今约 46 亿年前,在银河系的某个角落里,一颗质量比太阳大得多的恒星上的氢燃烧殆尽,发生了剧烈的爆炸。科学家把这次爆炸叫作超新星爆发。在引力的作用下,爆炸所产生的高能量尘埃和气体等物质开始聚集、收缩,并快速旋转成盘型结构,最后在中心聚集成一个发光发热的恒星,这就是太阳。而剩下的残余尘埃和气体则继续绕着太阳旋转,渐渐地形成了原始星盘,其中一部分就是形成地球的"原材料"。

5 尘埃球的旅行

围绕在太阳周围的残余尘埃和气体非常细小,如同一团团烟雾。在旋转的过程中,它们通过自身所带的少量静电荷,相互吸引,慢慢地聚集起来,形成一个个松散的尘埃球,它们中的一部分变成我们的地球。一团团松散的尘埃球是怎么变成坚硬的岩石块的呢?

一些科学家认为,宇宙中的太空星云积累电荷,会产生高热高能闪电,能瞬间击穿尘埃球,并将它们加热至 1650 摄氏度以上。几分钟内,这些松软的尘埃球会迅速冷却,最后融合成坚硬的岩石块。

6 胚胎行星诞生

新生的太阳周围挤满了岩石块,场面混乱,它们不断发生猛烈碰撞,岩石块"黏"到了一起,活像一场车大赛。随着岩石块的质量不断增大,引力开始发挥作用,使这些岩石块相互较大的岩石块"吞噬"较小的岩石块,岩石碎片结合在一起,像滚雪球一样越来越大,慢慢地形成无数碎石堆,称它们为"胚胎行星",它们其中的一个就是我们地球的雏形。

8 物质的分化

在重力作用的影响下，原本均匀的熔融物质开始分化，铁、镍等质量较大的物质沉聚到地球中心，形成地核，地核又分化出液态的外核和固态的内核；而硅、铝、钙、钾等质量较小的元素则上浮到表层，并慢慢冷却，形成地壳；中等质量的镁、铁物质则组成了地幔。

9 地球形成

此时，地球的直径只有几百千米，要想成为一颗真正的行星，体积至少还要增加 4000 倍左右才行。这时，太阳系依然混乱不堪，成千上万颗大大小小的"原行星"和各种岩石块、碎片，围绕太阳快速旋转，相互吸引，猛烈撞击，一些小"个头"的天体直接被撞得粉身碎骨。

7 胚胎行星"整容"

但要想成为一颗行星，这些"胚胎行星"必须先"整容"，变成圆球体。猛烈的碰撞使"胚胎行星"的质量越来越大，当其直径达到几百千米时，引力开始改变它的外形，原本扭曲、突兀的碎石堆，被搓揉得粉碎，凸出的地方被削掉，凹陷的地方被填平。就这样，"胚胎行星"终于变成了一颗巨大的岩石球，成为一颗"微行星"。

此时，宇宙碎石仍旧密集地从天而降，以几万千米每秒的速度砸向这颗"微行星"。高速运动所产生的动能被转化为热能，使"微行星"的温度达到 1500 摄氏度以上。经过长达 4000 万年的猛烈撞击，坚硬的岩石被融化，地球变成了炽热熔融的一团。

10

经过长达约 3000 万年的争斗，混乱的场面终于回归"平静"，数千颗"原行星"通过吞并和结合，最后形成了围绕太阳旋转的四颗岩质行星——水星、金星、地球和火星，以及四颗气态行星——木星、土星、天王星和海王星，残余的岩块、气体、尘埃，以及碎片等依然"无家可归"，它们继续围绕着太阳转动，飘荡在茫茫太空之中。

地球历经无数次的撞击、变形、融合，经过数亿年的"千锤百炼"终于从一粒细小的尘埃，演化成了一颗完美的行星。

从微小尘埃到完美行星

地球为什么是"圆"的

从太空回望，我们的地球看起来是圆的，但它刚"出生"时却是不规则的，甚至是有棱有角的。

地球由不规则形状变成如今的"圆球"，不是偶然，而是必然。因为在地球形成的过程中，始终有物理法则的"魔法"掌控着它，"逼迫"它朝着圆球演化。在自然界中，物体的能量越低就越稳定，所以，自然界中的物体，在没有外界因素干扰的情况下，总会自发地向能量更低、更稳定的状态转变。

打个比方，假如把质量相同的两个球A和B分别放在山顶上和山脚下，由于A球的位置比B球高，所以A球的重力势能就比B球大，而A球的稳定性却不如B球，因为它随时都可能从山顶上滚下来。如果没有外力的帮助，B球无论如何是不可能自己"跑"到山顶上去的。也就是说，B球不可能从重力势能低的山脚下，自发地"跑"到重力势能高的山顶上。

因此在体积相同的情况下，圆球表面积最小，能量最低，物体都"喜欢"把自己"打造"成圆球。

为什么表面积越小，能量就越低呢？

自然界有两种趋向：表面积趋于最小，能量趋于最低，这是自然界中最稳定的状态。这里涉及两个原理：

球状表面积最小原理

在等体积的情况下，球体的表面积最小。表面积越小，所耗费的能量就越低，因此自然界所有的物体都趋向于表面积最小。

能量最低原理

自然界一切物质变化的方向都是使能量降低，因为物体的能量越低，状态就越稳定。所以一个系统总是不断地自我调整，使得系统的总能量达到最低，并力争保持这种稳定状态。

对天体来说，球体表面各方向的引力相等，是最稳定的。那些最初不是球体的天体，只要质量足够大，引力就会使它们慢慢变成球体，即便质量不大，也有向球体变化的趋势。

那么，地球是怎么把自己变成"圆球"的呢？这其中有哪些科学奥秘呢？

约46亿年前，太阳形成后，一些碎石残骸相互吸引和碰撞，结合成了众多碎石堆，有些碎石堆渐渐形成了"胚胎行星"，其中就有我们的地球，我们将其称为"胚胎地球"。

此时，太空中的"胚胎地球"主要受两种力的作用。

一种力是因其自身质量而产生的引力，引力来自地球的中心，会把地球表面上的所有物体向中心"使劲拉"，这种"拉"力在所有方向上同时发生，只要有一丁点儿差别，引力就会不断地拉扯，使球体上的每一点受到的引力都相等，所以地球自身会不断调整球心到球面的距离，使距离尽量保持相等。

另一种力是地球表面所具有的"抵抗"变形的应力。

刚刚形成的"胚胎地球"质量还很小，由此产生的引力还不够强大，无法"战胜"地球表面岩石碎块的应力，所以，地球的外形是"歪七扭八"的。

当地球半径达到约500千米时，它的质量已经足够大了。这时，引力开始改变它的外形——将高的地方收缩、坍塌，将低洼的地方补齐、填平。地球从不规则形状慢慢地变成了近似球体的形状。

小贴士

重力势能是指物体由于位置高而具有的能量，重力势能的大小与物体的质量和离地面的高度有关。当物体质量相同时，离地面越高，重力势能越大；当高度相同时，质量越大，重力势能越大。日常生活中重力势能的例子比比皆是。例如，用打桩机把重锤举到高处时，重锤就具有了重力势能，利用重力势能把桩子打入地下。还有，水滴从高空落下时具有了重力势能，锲而不舍，终可"穿石"，这也就是我们常说的"水滴石穿"。

地球为什么是"圆"的

随着地球不断"长大",质量和引力也随之增大。这时,岩块具有的应力已经无法抵抗地球引力了,原来坚固的岩石和碎石均匀地向地心方向坍缩,地球最后慢慢地就成长为一颗"圆球",而它本身的高速自转又让其表面物质分布得更加均匀。

所以,变成"圆球"是地球演化的必然结果。

当然,地球也并不是一个完美无缺的"圆球",而是一个两极稍扁、赤道略鼓的椭圆形球体,这是因为地球在自转过程中,南北半球的高纬度地区到赤道,会产生由小到大不同的惯性离心力,高纬度的物质会被拽向赤道,最后形成如今的"体型"。不过,与地球6371千米的半径相比,这点差距微乎其微。所以,从太空中远眺,地球仍然像是一个"圆球"。

> **知识小卡片**
>
> **应力** 任何物体都拥有一种能抵抗外界让它变形的力,物理学上将这种力叫作应力。物体应力的大小是固定不变的,与质量和重量无关,只与物体的性质和密度有关。例如,当你用手捏一块石头时,石头完好无损,但你会感到手痛,这是因为你的手给石头施加的力不够大,远远小于石头的应力。而当你用铁锤砸石头时,石头就会破碎或变形,因为铁锤施加给石头的作用力,大大超过了石头的应力。地球最终能不能变成圆球,取决于引力和应力"较量"的结果。

事实上,不光是地球,太空中的所有天体都趋向于把自己变成能量最低、结构最稳定的圆球,但最后能否"如愿以偿",主要取决于它们的体积、质量、密度及自转速度。一般来说,直径超过 1000 千米,质量和体积较大,密度较高的天体,基本上都是圆球形,而且体积越大,密度越高,天体就越圆润,表面就越光滑。相反,如果达不到这些条件,就不会变成圆球形的。所以,宇宙中像恒星、行星等天体都是圆球形,稍微小一点、轻一点的天体,如一些矮行星和卫星的形状则是比较圆的球形,而像陨石、小行星、彗星等特别小和特别轻的天体,都是不规则形状的。

谁在推着地球转动

世界上不存在永动机，因为如果没有外界能量的推动，任何物体都不可能仅靠最初的能量永远地转动下去。

令人费解的是，质量达60万亿亿吨的地球，自诞生那一刻起，就一边围绕着太阳公转，一边不停地自转，46亿年来从未有过"星期天"和"节假日"。

这是怎么回事呢？难道有一股神秘的力量在推着地球转动吗？

要想破解其中的奥秘，我们必须先弄懂两个重要的物理概念：角动量和角动量守恒定律。

角动量是物理学的一个重要概念，和运动的物体都有动量一样，任何转动的物体都具有角动量。一个旋转物体角动量的大小与它的质量、转动半径及转动速度有关，质量和半径越大，转动速度越快，角动量越大；反之，则越小。

角动量守恒定律是指一个转动中的物体，如果不给它增加外力，那么它的角动量是守恒的，或者说是不变的，角动量不会无缘无故地增加或消失，只是从一个物体转移到另外一个物体。

陀螺转动得越快，"姿态"越稳定，转速慢下来时，就开始"摇头晃脑"，而且转速越慢，摇晃得越厉害。同样，花样滑冰运动员在转动时，如果突然收紧双臂，转动速度一下子就加快了，而当伸展双臂时，转速又会慢下来。运动员收紧双臂就等于减小了身体的半径，所以转动速度一定会加快；而伸开双臂等于增加了转动半径，也就是摇晃的幅度，只有这样，它们才能保持角动量守恒，所以转速就会减慢了。

理解了角动量和角动量守恒定律，我们就可以继续讲述地球转动的故事了。

🌏 最初角动量的形成

大约在 138 亿年前，宇宙大爆炸创造了大量具有高能量的气体尘埃。经过几亿年的演化，这些气体尘埃逐渐聚合成大大小小质量不均匀的原始星云。在引力的作用下，这些星云会自动地向中心收缩。在收缩过程中，它们围绕着中心点慢慢地转动起来，原始星云就这样拥有了最初的角动量，这些角动量就是包括太阳系及其行星、卫星等在内的天体旋转的力量源泉。

🌏 星云盘的形成

约 46 亿年前，在自身引力的作用下，一大片快速转动的星云收缩成一个密集的星云盘。随着物质不断地向中心积聚，星云的密度越来越大，最终形成一颗恒星，它就是我们的太阳。由于角动量要保持守恒，所以星云中的一部分角动量转移给了新生的太阳，在这些角动量的作用下，太阳也就转动起来了。

那些残余星云在太阳的巨大引力下，继续绕着太阳转动，并慢慢收缩成原始星云盘，经过数亿年的演化，原始星云盘最终形成了太阳系八大行星等天体。

🌏 天体获得最初角动量

在太阳系形成的过程中，角动量并没有消失，而是"分给"了太阳系中所有的天体。也就是说，太阳系中的每个天体在形成的过程中，都从转动的星云那里分了"一杯羹"，获得了一定的角动量，所以它们都自然而然地跟着转动了起来，而且随着星云物质收缩得越来越厉害，转动的速度也越来越快，如同花样滑冰运动员收紧双臂，减小转动半径，就可以加快转动速度一样。由于宇宙是真空的，基本没有阻力，因此在角动量的作用下，地球就这样不停地转动着。

🌏 所有天体都在不停地转动

实际上，转动是宇宙中所有天体的"本性"，是宇宙天体运动的基本规律之一。卫星绕着行星转，行星绕着恒星转，恒星绕着星系转，星系绕着星系团转……宇宙中的所有天体都在转。它们只有不停地转动，才能保持角动量守恒，才有"生命"。

> **小贴士**
> 永动机是不需要外界输入能量，只需要一个初始能量，就可以永远做功的机器。800多年前，有人就绞尽脑汁、挖空心思地设计、制造永动机，可是直到今天，也没有人制造出来，因为永动机违反了能量守恒定律和热力学定律。所以，永动机是不存在的。

●宇宙中的螺旋状星系

地球"芳龄"多少

对于地球的年龄，科学界比较公认的是46亿岁，可是地球并没有"身份证"，我们也没有"时间机器"可以回到地球诞生的那一刻，那地质学家是怎么知道地球年龄的呢？

人类最早关于地球年龄的推算来源于神话传说和猜测。

在我国古代盘古开天辟地的传说中，盘古经过"万八千岁"（一万八千年）开辟了天地，又经过"万八千岁"让混沌的世界变得泾渭分明，再加上五千多年的中华文明，照此推算，地球距今最多也就是4万岁多一点儿。

随着科学技术的发展，从17世纪中后期起，人们开始尝试用各种方法测量和估算地球的年龄。

通过海水中的盐测算地球年龄

最早尝试用科学方法探究地球年龄的是英国天文学家埃德蒙多·哈雷，哈雷彗星就是以他的名字命名的。他想出了一个妙招——通过海水中的盐测算地球年龄。

在他看来，地球上最早的海洋中全是淡水，并没有盐，盐是后来由河流带到海洋里的。所以，用地球海洋中盐的总量除以每年水流带来的盐量，就可以估算出海洋的年龄，加上海洋形成前地球的年龄，就是地球现在的年龄了。

这个方案似乎还不错，但估算出来的结果却让人难以置信：地球的年龄为8900万岁。在这个方法中，有很多影响地球年龄的因素没有考虑到。例如，早期的地球特别热，并没有形成海洋；海水中的盐会析出，不会一直在海水中。所以用这个方法我们无法准确估算出海水中的总盐量。

地质学家们想出了一个更简单的办法：把地球上不同地区每个地质时代形成的沉积岩按照由老到新的顺序，从底层向上一层一层地摞，最后把每一层的形成年龄加到一块，就是地球的年龄。

这个方法看似简单，也蛮有道理。但结果却令人大跌眼镜，不同地质学家算出来的地球年龄，差距范围居然在300万年到150亿年之间，最大年龄是最小年龄的5000倍。显然，该方法太粗糙，科学"含量"太低。

通过热力学原理测算地球年龄

19世纪50年代，大名鼎鼎的"热力学之父"，英国数学和物理学家威廉·汤姆森根据热力学第二定律，提出了一个地球散热模型。他认为，地球诞生时是一个高热量的岩浆球，越靠近地核，热量越高，越靠近地表，热量越低。随着这些热量慢慢散失，地球才降到现在的温度。所以，只要知道地球的初始温度、岩层的导热系数及地温梯度，就可以测算出地球的年龄。他把地球最初的温度设定为3870摄氏度，计算出的地球年龄为9800万岁，后来改成2000万～4亿岁，最后确定为2400万岁。

使用放射性测定年代法测算地球年龄

屡战屡败并没有让科学家们停下探索的脚步。通过反复实验，一百年后他们终于找到了一个可行的新方法——放射性测定年代法。

这个方法有两个最关键的问题：放射性衰变和半衰期。只要把它们搞明白，其他的问题就迎刃而解了。

自然界中有些元素会放射出高能射线，例如，制造原子弹用到的铀，这种元素叫作放射性元素。

1896年，法国物理学家贝克勒尔在实验中偶然发现一个很有趣的现象，放射性元素的原子核会自发地、不间断地放射出粒子或射线，同时释放出能量，最后该元素会变成另一种稳定的不再衰变的元素，如铀经过几次衰变，最后变成稳定的铅。科学家把这种现象叫作放射性衰变。

放射性元素的衰变并不是一下子完成的，而是一步一步进行的。每一种放射性元素都有自己固定不变的衰变速率，不受外界温度、压力等变化的影响。

为了度量放射性元素衰变的快慢，科学家把一半原子核发生衰变所需要的时间定义为半衰期。每种放射性元素都有自己固有的半衰期，而且差别很大。例如，铀238的半衰期长达45亿年，也就是说，经过45亿年一半的铀会衰变成铅；而钋216的半衰期只有0.16秒。

半衰期越长的元素，其物理和化学性质越稳定，越容易被保存在地球的岩石中，因此在测算地球年龄时，半衰期越长的元素越有用。

铀衰变的最终产物是铅，所以科学家想，只要知道岩石最初形成时铀和铅的含量，再测出地球上最老的岩石中铀和铅两种元素的含量比例，就知道有多少铀已经衰变成了铅，然后根据铀的"半衰期"计算出地球的年龄。科学家把这种方法称为铀-铅测年法。

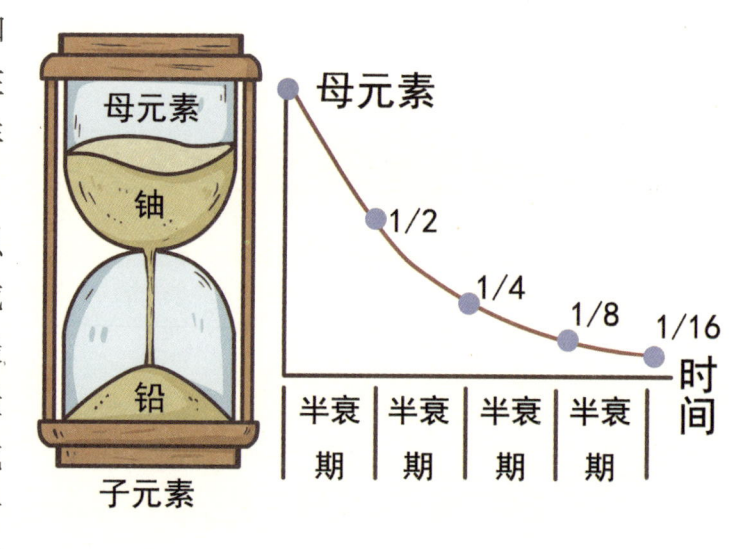

方法找对了，可是棘手的问题也随之而来。

地球上古老的岩石都经历了几十亿年的地质作用，其中的铅和铀含量早已不是它们最初形成时的含量了，这样测出来的结果肯定不准确。所以，只有测量地球诞生那一刻形成的，且没有被地质"污染"的岩石，测量结果才可靠。

可是到哪里去找这种岩石呢？

陨石的年龄可以代表地球的年龄

正当科学家们困惑之际,有人另辟蹊径,想出了办法。他没有把目光只盯在地球上,而是转向了太空,并且成功地解决了这一问题。他就是美国地球化学家克莱尔·卡梅伦·帕特森。

历经七年的艰辛努力,经过无数次实验测量和数据比对,1956年10月,帕特森终于向世人宣布了他的研究成果:地球的"芳龄"为44.8亿~46.2亿岁。

> 小行星和地球都是太阳形成时的残留物,它们是同时形成的,所以小行星的年龄最能代表地球年龄,而陨石就是掉到地上的这些小行星,所以只要能准确地测出陨石的年龄,就可以推断出地球的年龄了。他找到几块美国"巴林杰陨石坑"的铁陨石,这些陨石是大约5万年前一颗小行星撞击地球后留下来的,是测量地球年龄的绝佳样品。

知识小卡片

半衰期 放射性元素的原子核有半数发生衰变时所需要的时间。假设50克放射性元素,经过1万年,衰变后剩下1/2,也就是25克了;再经过1万年,衰变后剩下1/4,即12.5克,以此类推,它的半衰期是1万年。

给地球做个"B超"

特雷弗·安德森等三人来到了地球深处，他们发现了地下海洋、蘑菇森林、远古时期的人类骸骨和奇异巨兽。地心深处，巨大的火山猛烈爆发，炙热的岩浆四处飞溅……

这是电影《地心历险记》中的一段场景，虽然情节引人入胜，但只不过是作者丰富的科学幻想而已。因为人类根本不可能钻到地心去旅行，地心的真实情况也并非如此。

科学家并没有钻到地球深处，他们是怎么知道地球深部这些秘密的呢？

地震波

科学家用了一种"波"给地球做"B超"，从而发现了地球深处的秘密，这种"波"叫作地震波。

地幔：地壳的下面是炽热的固态、液态地幔，主要由铁、锰、铝等元素组成，平均厚度约2865千米。

知识小卡片

地震波 由地震震源向四面八方传播的一种振动。因为这种振动具有很大的能量，所以能穿过地球内部进行传播。例如，南极发生的地震，可以从地球内部传播到北极；人们之所以能感觉到发生在千里之外的地震，就是因为地震波产生的振动传到了脚下。

地壳：我们脚下踩着地球的最外层，叫作地壳。地壳主要是由氧、硅、铝、铁、钙、钠、钾、镁等元素组成的固体。地壳的平均厚度约 17 千米，在地球的不同地区，地壳的厚度差别较大，高山或高原地区比较厚，如青藏高原是地壳最厚的地方，厚达 70 千米，平原、盆地有 10～13 千米。大陆地壳的平均厚度约为 33 千米；海洋地壳的平均厚度有 5～6 千米，在一些特殊地区，如大西洋中部的大洋裂谷，最薄的地方仅有 2～3 千米。

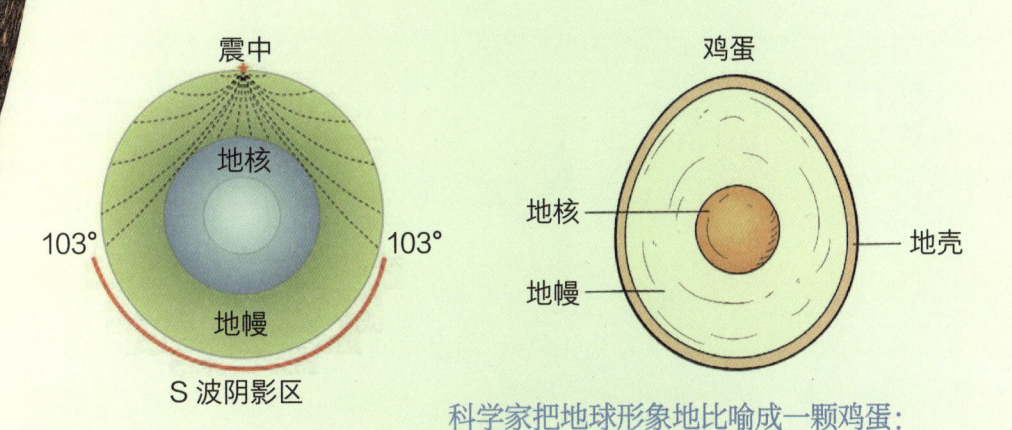

科学家把地球形象地比喻成一颗鸡蛋：蛋壳是地壳，蛋清是地幔，蛋黄则是地核。

地核：地核的半径大约有 3400 千米，主要由铁和镍元素组成，温度高达几千摄氏度，压力是地表压力的上百万倍。地核被分为液态外地核和固态内地核。

地震波的传播方式

地震波在地球内部传播时，如果密度、成分、温度、压力等突然发生变化，地震波的传播速度就会发生改变。而且，在遇到不同的物质界面，比如从固体传播到液体，地震波就会发生反射和折射。科学家正是根据地震波在地球内部传播时的这些不同特征，判断出地球内部的结构和组成物质的大致状态的。

科学家用地震波探究地球内部就跟医生用B型超声诊断仪（简称B超）诊断患者体内的原理一样。B超发射的超声波，进入人体后，遇到不同的部位会产生不同的反射、折射现象等，医生就可以根据影像，判断患者体内是否异常。

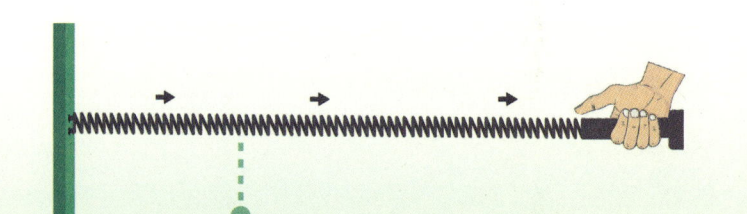

横波的传播方式：振动方向与波的传播方向互相垂直，也叫剪切波。正如抖动绳子的一头，一个个横波就会传向绳子的另一头。

纵波的传播方式：振动方向与波的传播方向一致，就像被压缩的弹簧弹开时一样，所以，科学家也把地震波叫作压缩波。

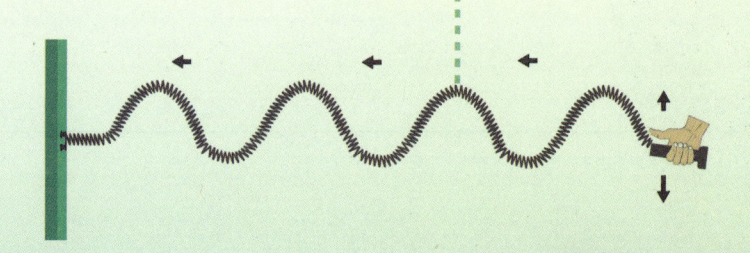

横波和纵波在地球内部的传播方式和速度差距比较明显。

纵波可以在固体、液体和气体中传播，而且速度非常快。在地壳中，每秒能"奔跑"5.5~7千米。

横波只能在固体中传播，不能在液体和气体中传播。所以传播过程中，一旦遇到液体和气体，横波就立马消失了，而且传播的速度比纵波慢，在地壳中，它每秒能"奔跑"3.2~4千米。

莫霍面和古登堡面的发现

1909 年,克罗地亚地震学家莫霍洛维奇在研究一次地震时发现了一个有趣的现象,在地球表面往下平均约 33 千米的地方,地震波的传播速度突然发生了变化,纵波的速度从 7 千米每秒突然加速到 8.1 千米每秒;横波从 4.2 千米每秒,加速到 4.4 千米每秒。莫霍洛维奇以此推断这里可能是一个明显的物质分界面。

后来其他科学家们通过地震波的方法,在不同地方都发现了这个分界面。这个分界面就是我们现在常说的地壳和地幔的分界面。人类第一次揭开了隐藏在地球深部的秘密。为了纪念这一重要发现,人们将这个分界面称为莫霍洛维奇不连续面,简称莫霍面。

1914 年,美国地震学家古登堡在研究地震波时,发现从莫霍面往下,物质的密度越来越大,地震波传播的速度也越来越快。到了约 2900 千米深处,纵波和横波的传播速度都达到了最高值。但接下来,奇怪的事情发生了:纵波的速度由 13.64 千米每秒骤降到 8.1 千米每秒;而横波从 7.3 千米每秒,一下子完全消失不见了。

因为横波不能在液体中传播,纵波在液体中的传播速度比在固体中的慢,所以古登堡认为这里可能存在另一个分界面——地幔与地核的分界面。与莫霍面的情况相类似,后来科学家们通过地震波对很多地方进行了研究,证实了整个地球都有这个分界面。

因为这个界面是古登堡首先发现的,所以,人们就把它叫作古登堡不连续面,简称古登堡面。

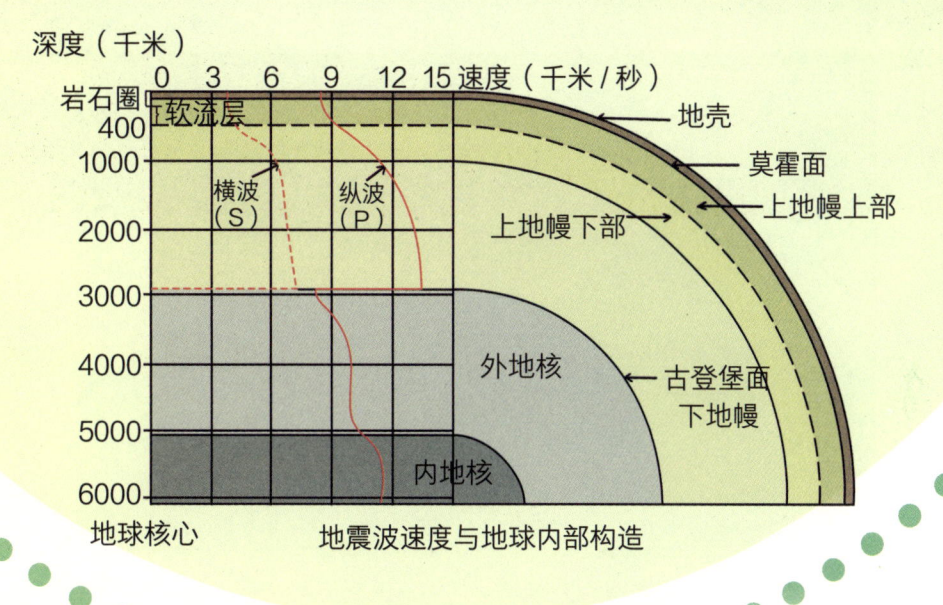

地震波速度与地球内部构造

随着地震波技术的发展,科学家们像剥洋葱一样,把整个地球一层一层地剥开,细分出更多的圈层。例如,把地壳分为花岗岩质的上地壳和玄武岩质的下地壳,把地幔分为上地幔和下地幔,把地壳和上地幔最顶上的部分合称为岩石圈,又在岩石圈下面识别出软流圈,把地核分为液态外地核和固态内地核等。

虽然我们不可能钻到地下目睹地球深部的模样,但是科学家们利用地震波,"窥视"到了隐藏在"地心世界"的秘密。尽管如此,地球深部远比我们想象的复杂得多,仍有很多未解之谜等待着我们去探索、去研究。

地球的"肚子"里为什么这么热

太阳的光和热使地表的温度适宜万物生存。与地表不同的是，地球内部是一个巨大的"火炉"，蕴藏着大量的热量，而且越往深处，温度越高，压力越大。

实际上，地球内部的热量在地表是可以体现出来的，例如，喷涌而出的火山、广布的地热温泉等，这些地质现象都是地球内部释放热量的表现。

可是，地球的"肚子"里为什么会这么热呢？这些热量又是从哪里来的呢？

知识小卡片

热流 地球内部向地表所传导的热量叫作"大地热流"，简称"热流"，即每秒每平方米地表向外散发的热量。

地表 ●

地下 30 米 ●

从地下 30 米往上到地表，地球接收的是太阳的热量。太阳照射地表，一部分热量会被反射到大气中，而另外一部分热量则被地表吸收，这部分被吸收的热量只能"温暖"到地下 30 米处，所以从地表向下，温度逐渐变低，到 30 米处达到最低。

地下 30 米是一个重要的数值，之所以重要，是因为它是地下温度的一个"拐点"。

地表 30 米以下的热量来自地球核心，不受太阳热的影响，越深越热，到地心最热。也就是说，地下 30 米处是地球内部温度最低的地方，从这里开始，不论往下，还是向上，温度都会逐渐升高。这个"拐点"的温度基本常年保持不变，如北京地区地下 30 米"拐点"的温度多年一直保持在 12～13 摄氏度。

地球的"肚子"里为什么这么热

科学家估算，仅岩石圈中每年放射性元素衰变产生的热量就多达100多万亿千瓦时，而岩石圈的质量仅为地球总质量的2%，以此推算，整个地球每年至少产生5000万亿千瓦时的热量。地球深部90%以上的热量是由放射性元素衰变产生的。

地热梯度

世界上的绝大部分地区，从地下30米左右开始，深度每增加100米，温度平均会升高1～3摄氏度，科学家把这种不受太阳热影响，地下温度随深度而增加的规律，叫作"地热梯度"，也叫"地温梯度"。

不同地区的地热梯度差别较大。在板块边缘、地震活动带、火山带，地热梯度普遍较高，如青藏高原地区可达4～5摄氏度，在大洋中脊和岛弧可达到6摄氏度。也就是说，地下深度每增加100米，地温就升高了约6摄氏度。地质学家把这种明显高于平均地温梯度的地区叫作"地热异常区"。

在陆地上，有地下30千米到33千米处，是地壳与地幔的分界面，也就是我们所说的莫霍面。这里的温度为400～1000摄氏度，压力为1.2万～1.9万个大气压，是地球表面压力的1.2万～1.9万倍。再往下，就到了2900千米左右的地幔与外地核

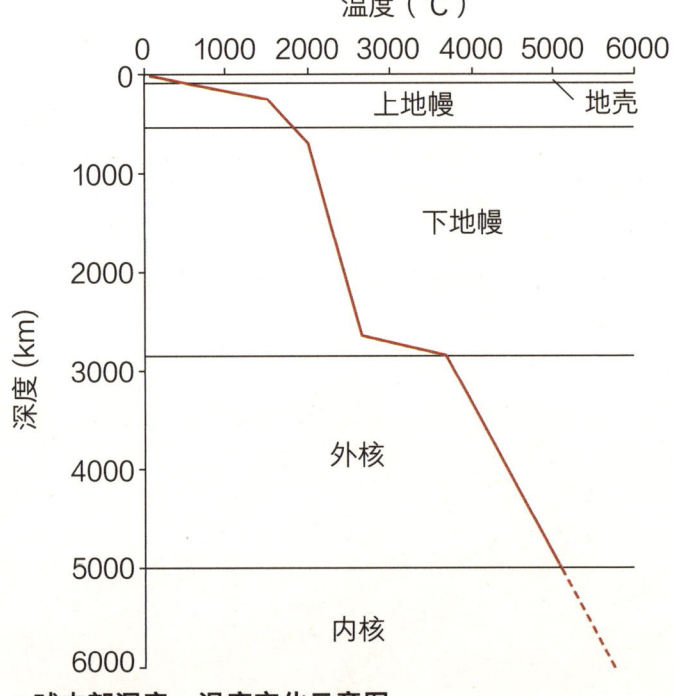

● 球内部深度－温度变化示意图

的分界面,也就是所谓的"古登堡面",温度飙升到3700摄氏度左右,压力达到50万～150万个大气压;而到了地心,温度会飙升到6000摄氏度左右,比太阳表面的温度还高,压力更是达到了360万个大气压。

地球热量来源

来源一: 放射性物质衰变产生的热量。地球内部含有铀、钍等放射性元素。放射性元素不稳定,随着时间的流逝,它们会自发地变成另一种稳定的元素,并释放出热量。例如,铀衰变到最后会变成稳定的铅,它在衰变的过程中会放射出一种致命的伽马射线,同时释放出大量的热。

来源二: 地球形成时的宇宙尘埃和气体的热量。一些科学家认为,地球最初诞生于一团超高温的宇宙尘埃和气体,后来随着时间的推移,外表热量散失,并开始慢慢冷凝形成地壳,但地球深部的那些热量却没来得及"跑出来",被地壳封闭起来了。

> **小贴士**
> 千瓦时是能量的量度单位,表示一件功率为一千瓦的电器使用一小时所消耗的能量。比如,你家的冰箱的功率是0.1千瓦,使用10小时所耗费的电量就是1千瓦时,也就是我们平时所说的1度电。

来源三: 星际岩块、小行星或陨石的撞击。地球形成初期曾遭受无数个超高速飞行的天体的"狂轰滥炸",这些天体拥有巨大的能量,在撞击地球的一瞬间,将一部分能量转换成了地球内部的热量。有科学家模拟计算:假如一颗1000吨的小行星,以30千米每秒的速度撞击地球,那么它将释放 4.5×10^{16} 焦耳的热能,大致相当于125亿千瓦时电量产生的热。

来源四: 月球对地球的潮汐力。潮汐力不仅能够引起海水涨落,还能引起地球上的固体物质发生轻微变形,让物质来回摩擦而产生热量。不过,月球潮汐力对地球的加热微乎其微,可能只有0.001摄氏度。

蕴藏在地球深部的热量大部分通过地壳上的岩石等传递到地表,仅一天传递的热量就相当于375亿吨煤燃烧产生的热量。

地球内部热量巨大,但我们每天感受的温度并不是来自地球内部,而是来自太阳。由于地球表面积非常大,分散到每一平方米上的热量就微不足道了,例如,我国的"大地热流"平均只有0.063瓦每平方米,这点热量到达地表后,很快就散发到空中了。另外,厚厚的地壳也会抑制和缓解热量的传递,加上海水不断循环,都起到了"缓冲"的作用。所以,我们感觉不到来自地球内部热的炙烤也就不足为奇了。

地核"发电机"

磁铁能够"隔空取物",吸引铁、镍等金属,所以俗称"吸铁石"。

每个磁铁都有两个磁极,也就是N极和S极。当两个磁铁靠近时,如果磁极相同,两块磁铁相互之间就有排斥力,会把它们彼此推开;而当磁极不同时,二者之间就会产生相互的吸引力,把它们"黏"到一起,这就是"同极相斥,异极相吸"的原理。

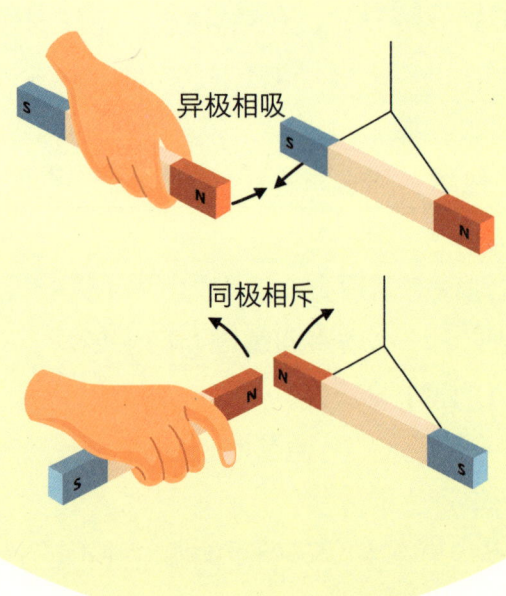

异极相吸

同极相斥

地球的两个磁极

地球本身也是一块大磁铁,也有南北两个磁极,南磁极用 S 表示,北磁极用 N 表示。在地理学中,地球的南北两极指的是地球自转轴的最南端和最北端。

由于南北磁极位于南北地理极附近,它们并不完全重合,所以指南针所指的不是正南正北,总是偏离约 11.5 度。这个偏离角度最早是由我国宋代科学家沈括发现的,后来科学家把它叫作"磁偏角"。

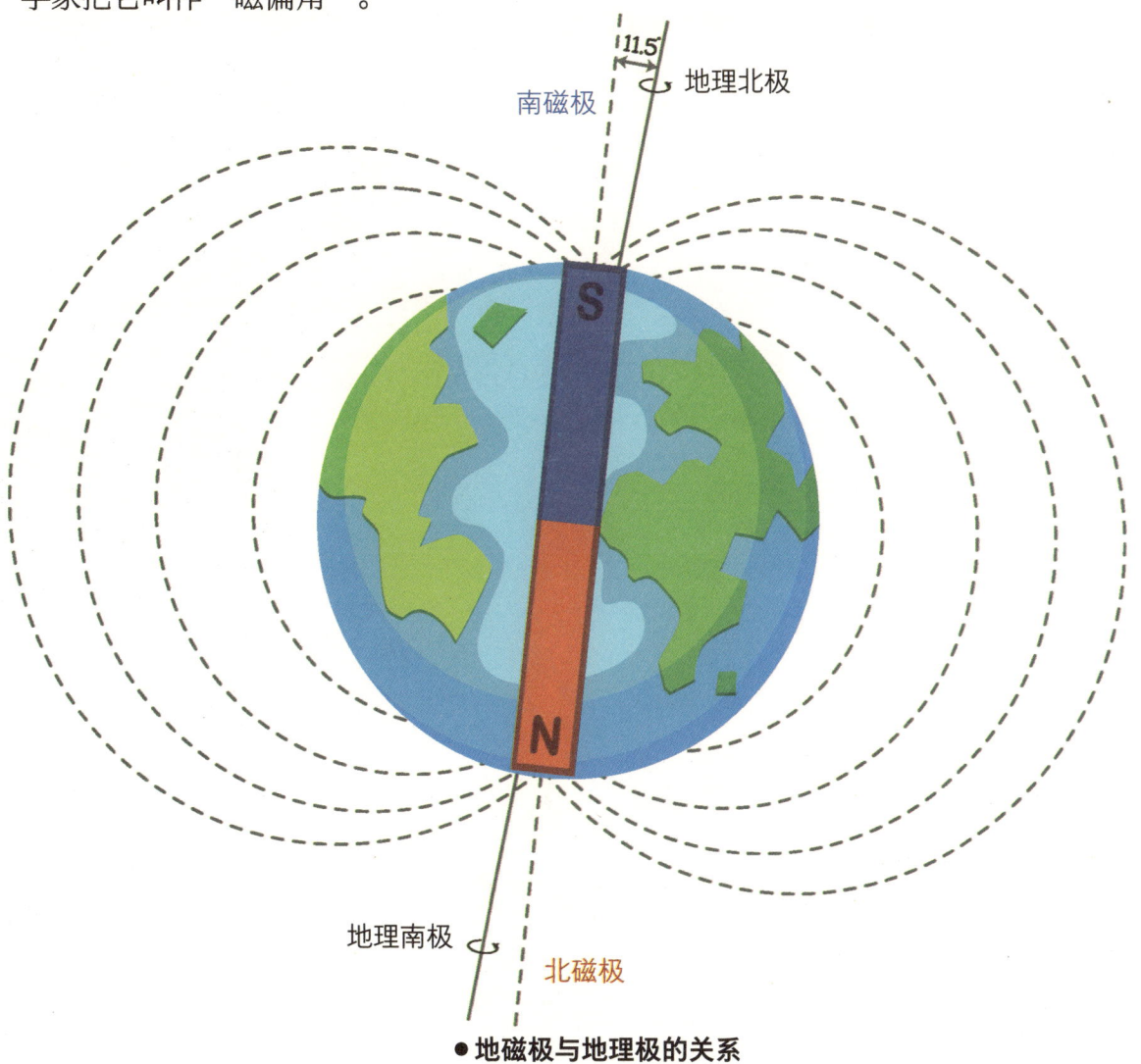

● 地磁极与地理极的关系

地磁两极与地理两极的位置相反,南磁极位于地理北极附近,北磁极则位于地理南极附近,也就是说"磁南地北,磁北地南"。把一个条形磁铁用细线悬挂起来,当它静止时,总是一端指向南,另一端指向北,我们规定指南的一端叫作磁铁的南极,用 S 表示;而把指北的一端叫作磁铁的北极,用 N 表示。指南针和罗盘就是根据这个原理发明的。

可以想象地球的内部有一块长条形的大磁铁，磁铁会发射无数磁力线，叫作磁感应线。

磁力线从北磁极，即地理南极附近"流出"，绕地球转半圈，再从南磁极，即地理北极附近"钻回"地球里，这样就在地球的周围形成一个磁场，相当于一个大"罩子"包裹着地球，这个"罩子"就是地球磁场，简称地磁场。

地球磁场的范围非常大，能向太空伸出数万千米，差不多有10到50个地球直径那么大范围，它保护着我们赖以生存的大气层，免受太阳风的侵害。

地磁场是怎么形成的呢?

如果从沈括《梦溪笔谈》最早记载磁偏角算起,人类对地磁场的探索历史已经有900多年了,科学家们提出了很多假说和猜想。

1. 地磁起源假说

第一位提出地磁起源假说的是一位专门给英国女王看病的医学博士。1600年,威廉·吉尔伯特提出"地球永磁体"假说,他揣测地球可能"长"着一颗大大的磁体"心",这颗"心"与生俱来、永不消逝,地球磁场就是由这颗"心"形成的,所以他认为地球本身就是一块巨大的天然"吸铁石"。这个假说一问世,立刻得到了人们的青睐,并很快成了当时的主流观点。

2. 居里点的发现

19世纪末,法国物理学家皮埃尔·居里发现,当把磁性物质加热到一定温度时,磁性就会消失。这意味着,所有磁体的磁性都是有温度上限的,超过这个温度,就"消磁"了,吸不了铁了。后来,人们把这个温度称为居里点。

3. 地磁来源电场

科学家普遍认为地核是由铁、镍等金属组成的,铁的居里点只有770摄氏度,而镍的居里点才358摄氏度。按照地温梯度推算,地下40~50千米就超过了铁的居里点,而地核的温度高达6000摄氏度左右。在这么高的温度下,地核中的铁、镍等金属早就消磁了。所以地球不可能是一个永久的磁体。

4. 地磁的形成

1820年,丹麦物理学家汉斯·奥斯特通过实验证明电流的周围存在磁场,后来英国物理学家迈克尔·法拉第发现电场能产生磁场,磁场也能产生电场,即"磁能生电,电能生磁"。这个发现启发了科学家们的大胆设想,地球磁场很可能来源于地球内部的电场。

地核"发电机"

地球要想有磁性，其内部首先要有电流，而要产生电流，则必须有旋转的金属流体。那地球内部有没有旋转的金属流体呢？

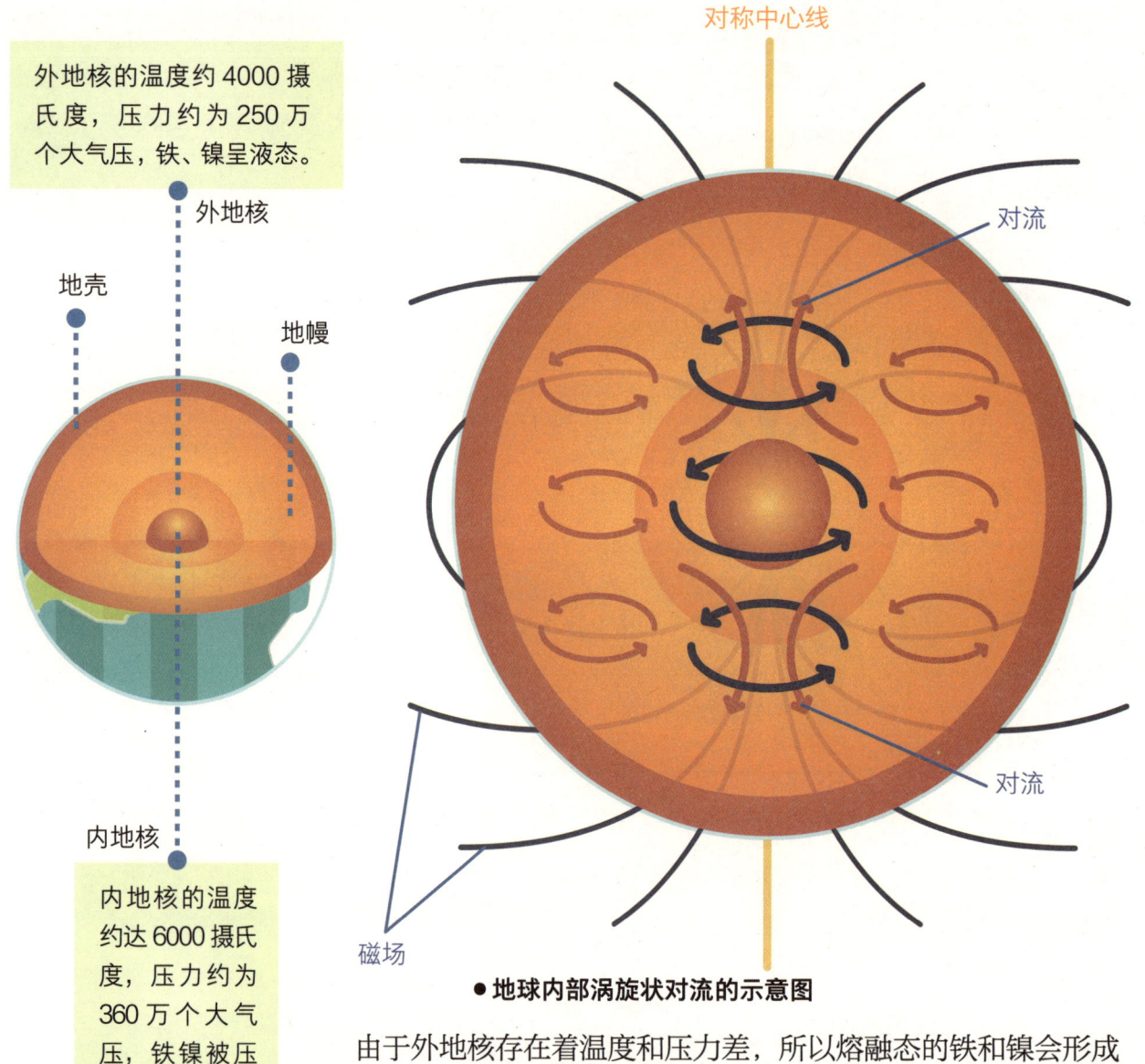

对称中心线

外地核的温度约4000摄氏度，压力约为250万个大气压，铁、镍呈液态。

外地核

地壳

地幔

对流

内地核

内地核的温度约达6000摄氏度，压力约为360万个大气压，铁镍被压成了固态。

磁场

● 地球内部涡旋状对流的示意图

由于外地核存在着温度和压力差，所以熔融态的铁和镍会形成对流，就像炼钢炉里沸腾的铁水一样，上下翻滚。同时地球自转带动地核一起旋转，但由于液态外核的旋转比固态内核的旋转要慢一些，所以产生了速度差，形成涡旋状对流，铁镍金属的流动产生电流回路，这就相当于在地球中心形成了一座巨大的"发电机"，不断地往外"放电"，电流感应就产生了磁场，形成了地磁场。

为什么地磁没消磁

磁铁在770摄氏度左右就消磁了，那为什么地核温度都达到了6000摄氏度，铁和镍却没消磁呢？

这是因为当加热普通磁铁时，它的电子运动速度会加快，引发结构混乱，改变了原来的磁性方向，使磁性相互抵消，结果就"消磁"了。而地球磁场是由地心发出的电流形成的，不受温度变化的影响。所以只要地核"发电机"不熄火，地球磁场就永远不会消失。相反，如果有一天地核温度降到了770摄氏度，那时地核"发电机"肯定就"熄火"了，当然，地磁也必定不复存在了！

地核"发电机"理论是目前多数科学家比较认可的一种假说，事实上，地球磁场还有很多未解之谜。比如，一些科学家认为地球磁场可能形成于34.5亿年前，如果真是这样的话，那说明有一股强大而持久的能量在维持着它的运行，可是这股强大而持久的能量是什么？来源于哪里？我们至今还不得而知。相信随着科技的发展和科学家们孜孜不倦地努力，这些谜团终有一天会被揭开。

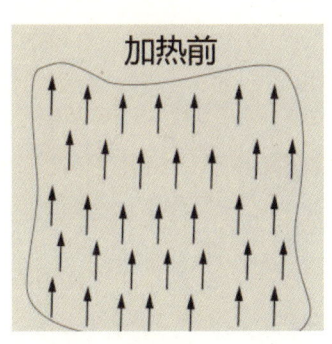

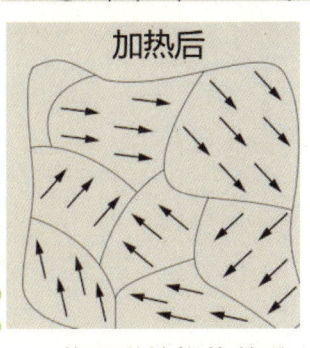

● 普通磁铁加热前后内部电子的运动对比

磁偏角是地球地理南北极轴与地球磁场北南极轴的夹角，约为11.5度。因为磁极始终在移动，所以磁偏角也随着地理位置和时间的不同而不同。在全球范围，赤道上磁偏角最小，为零，越往地理两极越大，在极点上最大，为90度。磁偏角有西偏和东偏之分，磁极轴在地理南北轴东侧，称为东偏（正），在西侧，称为西偏（负）。

在我国，除新疆、甘肃西部和南沙群岛等少数地区是东偏外，绝大部分地区是西偏，而且越往北、越往东，磁偏角就越大，例如，2020年6月，南边西沙群岛的磁偏角为0°10′，北京为5°50′，到最北的漠河达到11°。西边的珠穆朗玛峰为0°19′，上海为4°26′。

地磁场危机来袭

地磁场看不见、摸不着，但它无处不在，我们每天都穿行其中。有些科学家认为，地磁场已经运行了 34.5 亿年，它保护着地球上的生命，使我们免受宇宙射线和太阳风的侵害。

可是，地磁场会永远存在吗？假如有一天它消失了，地球会怎么样呢？我们的生命会不会受到影响？

科学家经研究发现，地磁场的强度正在慢慢减弱，磁极也在快速"漂移"，最后可能会导致南北磁极位置互换。地磁场正面临着一场严重危机。

地磁场危机

科学家发现，自 1683 年记录地磁场以来，地磁场的强度时强时弱，不停地发生变化。但从 1845 年起，其强度就开始不断减弱，现在已经比 1683 年减弱了 10%～15%，而且减弱的速度有增无减，仅最近 10 年就减弱了 5%，比科学家的预测快了 10 倍。所以，有的科学家推测，地磁场可能会在 1500～2000 年后消失。

特别是在非洲南部到南美洲的南大西洋区域，地磁场减弱得更厉害，从 1970 年到 2020 年这短短的 50 年就减弱了 30%～50%。更糟糕的是，地磁场减弱的面积不仅在不停地扩大，而且减弱的速度也越来越快。科学家担心，如此下去，恐怕到 2240 年，南半球的一半地区很可能都将"沦陷"。

地磁倒转成"家常便饭"

除了磁场强度在减弱，地磁极也在不断地"漂移"，最终将导致南北磁极位置互换。在物理学上，这种现象称为"地磁倒转"，或称"地磁反转"。

通过对保存在岩石中的远古地磁记录研究发现，在地质历史中，地磁倒转似乎是"家常便饭"，每隔20万～30万年就会发生一次。在过去的一亿年里，地磁倒转共发生了约200次，有时候倒转得很"快"，仅隔20万年就倒转一次，而有时候则特别"慢"，几百万年，甚至上千万年也不倒转。例如，恐龙时代大约有3700万年都没有倒转，而最近的一次倒转发生在大约78万年前，那时正是我们的祖先直立人生活的时代。

自1831年人类首次确定北磁极的位置之后的70多年里，北磁极一直老老实实地待在原地，基本没什么变化。可是从1904年起，北磁极开始变得不安分起来，它以每年约15千米的速度向东北方向"漂移"。1989年，它的速度又突然加快到每年40千米左右，而如今正以每年约55千米的速度，从加拿大"一路狂飙"，到了俄罗斯的西伯利亚。

科学家担心，如果照此下去，在未来100年内，地磁场很可能会发生倒转，倒转期间会引起磁场强度的波动。而倒转前的"那一刻"，磁场对地球的保护能力将降低90%，甚至一段时间可能会没有地磁场，而眼下，地磁场正处于倒转前的减弱阶段。

不过，科学家对于磁场强度为什么减弱，地磁极为什么"漂移"，以及速度为何突然加快等问题还没有形成统一的认识。

但有一个事实确定无疑，就是这场地磁场危机正迎面而来。自1831年人类首次确定北磁极的位置之后的70多年里，北磁极一直老老实实地待在原地，基本没什么变化。可是从1904年起，北磁极开始变得不安分起来，它以每年约15千米的速度向东北方向"漂移"。1989年，它的速度又突然加快到每年40千米左右，而如今正以每年约55千米的速度，从加拿大"一路狂飙"，到了俄罗斯的西伯利亚。

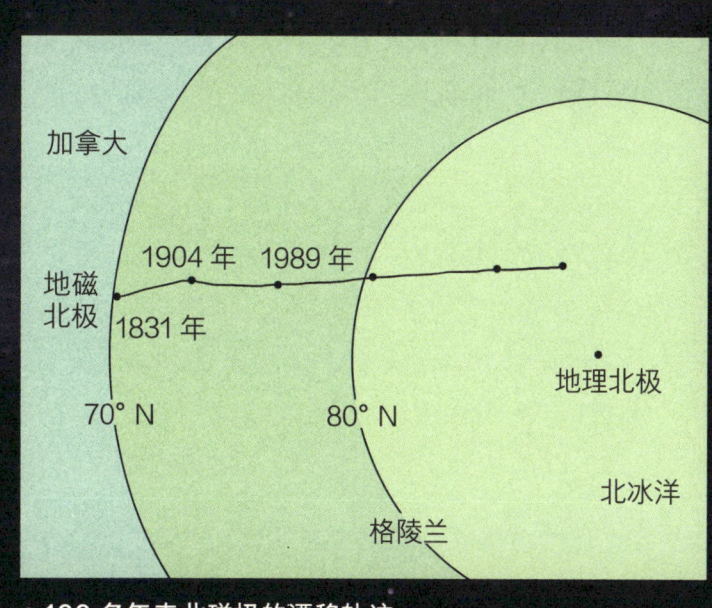

● 100多年来北磁极的漂移轨迹

地磁倒转对人类的影响

地磁场减弱将会使地球遭受更多太阳高能粒子的肆虐和摧残，大气层将被剥离，臭氧层将不复存在，太阳的巨大能量直接传到地表，导致温度飙升，海水蒸发。海洋面积的消减，将使地壳和岩石圈压力失衡，板块活动加剧，引发全球气候变化加速，地震不断、火山频发。

地球磁场减弱还会造成通信失灵，海上、地面和空中交通受阻，电网瘫痪，基因损坏，疾病风险陡增。

最可怜的是那些依靠地球磁场导航迁徙的鸟儿、蜜蜂、海龟等小动物，它们将因失去地磁场这个"生物罗盘"而迷失方向，有的甚至会因此而死亡。

如果地磁场彻底消失，哪怕是消失很短的时间，对地球生命都将是一场巨大的灾难。没有了大气，没有了地表液态水，生命的孕育和生存的基本条件都没了，地球还会是现在的模样吗？地球生命，包括我们人类还能活着吗？

其实，不用太多假设，我们的邻居火星就是一个鲜活的例子。

科学家认为火星也曾拥有磁场，有过和地球一样美好的"童年"，有大气和海洋，甚至可能孕育过生命。可是好景不长，在大约30亿年前，它的磁场却莫名其妙地消失了，结果绝大部分大气层被太阳风无情地剥离掉了，海水也因为没有大气的保护而蒸发殆尽，最终变成了一片死寂荒凉的不毛之地。

不过，有些问题也令人费解。例如，据科学家推测，在距今5.56亿年时，地磁场强度还不到今天的十分之一。按常理，当时地磁场的保护能力应该很脆弱，可为什么生命不但没有灭绝，反而迎来了雨后春笋、欣欣向荣的新时代？甚至不久后还发生了"寒武纪生命大爆发"，难道那时的生命不需要磁场的保护吗？

自形成以来，地磁场就一直处于不断变化中，从未停止。例如，科学家研究发现，地磁场刚形成时强度只有今天的50%～70%，而恐龙时代其强度是现在的3.1倍。事实上，地核内部哪怕一点点轻微的变化，都会对地磁场造成影响，所以，"变"才是正常的，不变反而不正常。

地磁场减弱和倒转都是地球运行过程中的正常现象，如同月缺月圆、潮涨潮退一样，而且地磁场倒转也不是一蹴而就的，而是一个极其漫长的过程，一般都需要5000～7000年。78万年前的那次地磁场倒转，则长达2.2万年。据科学家研究，倒转后约一万年，地磁场强度将恢复正常。

虽然地磁场不断减弱,但不会永久消失,除非几十亿年后地核"发电机"熄火,地球变"凉了"。不过到那时,凭着高度发达的科技,人类没准儿会造出一个比地磁场还强大的"人造磁场"呢。

寒武纪生命大爆发是一大悬案。这相当于在午睡前,地球还是万籁俱寂,而一小时后醒来,整个地球就变得热闹非凡。这使人们不得不对进化论产生怀疑,就连达尔文本人也困惑不解。因为按照他的理论,生物进化要经过简单到复杂,水生到陆地,低级到高级的漫长而复杂的过程。可是令人不解的是,地质学家没有寻找到比这些动物"岁数"更老的化石。

这些动物是怎么来的?为什么会突然冒出来?它们的祖先是谁?它们在哪里?这一个个谜团什么时候能揭开呀?

> **小贴士**
>
> 寒武纪生命大爆发,5.43亿~5.3亿年前,地球突然呈现多种门类动物同时存在的繁荣景象,在不到1000多万年的时间里,大量的节肢、腕足、蠕形、海绵等无脊椎动物爆发式出现,因为这个时段属于地质学上的"寒武纪",所以被称为寒武纪生命大爆发。

你的体重是多少

当有人问你的体重是多少时,你会怎么回答?"我的体重是60公斤。"大多数人是这样回答的。在日常生活中,人们对这种回答方式已经习以为常了,但从物理学的角度讲,这样的回答不够严谨,甚至可以说是错误的。

人们买东西的时候不都是这样说吗?例如,买1斤肉、3斤白菜、5斤土豆。这其实是把重量和质量混为一谈了。

质量

质量是指某一物体中所含物质的多少,通用单位是克、千克。质量是物体固有的属性,不受其他因素的影响,无论怎么改变某一物体的状态、形状、外貌、地点、位置等,它的质量都不会改变。假如你身体的质量在北京是60千克,到了赤道或者南北极还是60千克,即便你跑到了月球上你身体的质量也是60千克。1千克的水全部结成冰,状态改变了,但它的质量既没有增加,也没有减少,还是1千克。1千克黄金,打制成首饰或项链,其形状变了,但质量还是1千克。

质量和重量的关系

在地球表面,一个物体的重量与它的质量成正比,质量越大,重量就越大;质量越小,重量也就越小。在地球引力的作用下,质量为1千克的物体的重量约为9.8牛。

一个物体的质量是恒定的,不管在哪里都是不变的。而一个物体的重量是由它所受到的地球重力的大小决定的。在地球上,同一个物体在不同的地方所受到的重力不一样,有的地方略大一些,有的地方稍微小一点,所以同一个物体的重量在不同地方是不同的。这就是重量与质量的最大区别。简单来说,质量不变,重量会变。

重量

重量是由于地球对物体的吸引而使物体受到的一种力,在物理学上叫重力。衡量重量大小的单位是牛顿,简称牛,符号为N,是根据万有引力定律的发现者英国物理学家牛顿的姓氏命名的。在称体重时,实际上称的是重量,而不是质量,所以体重的单位应该是牛,而不是斤、克、千克等。

你的体重是多少

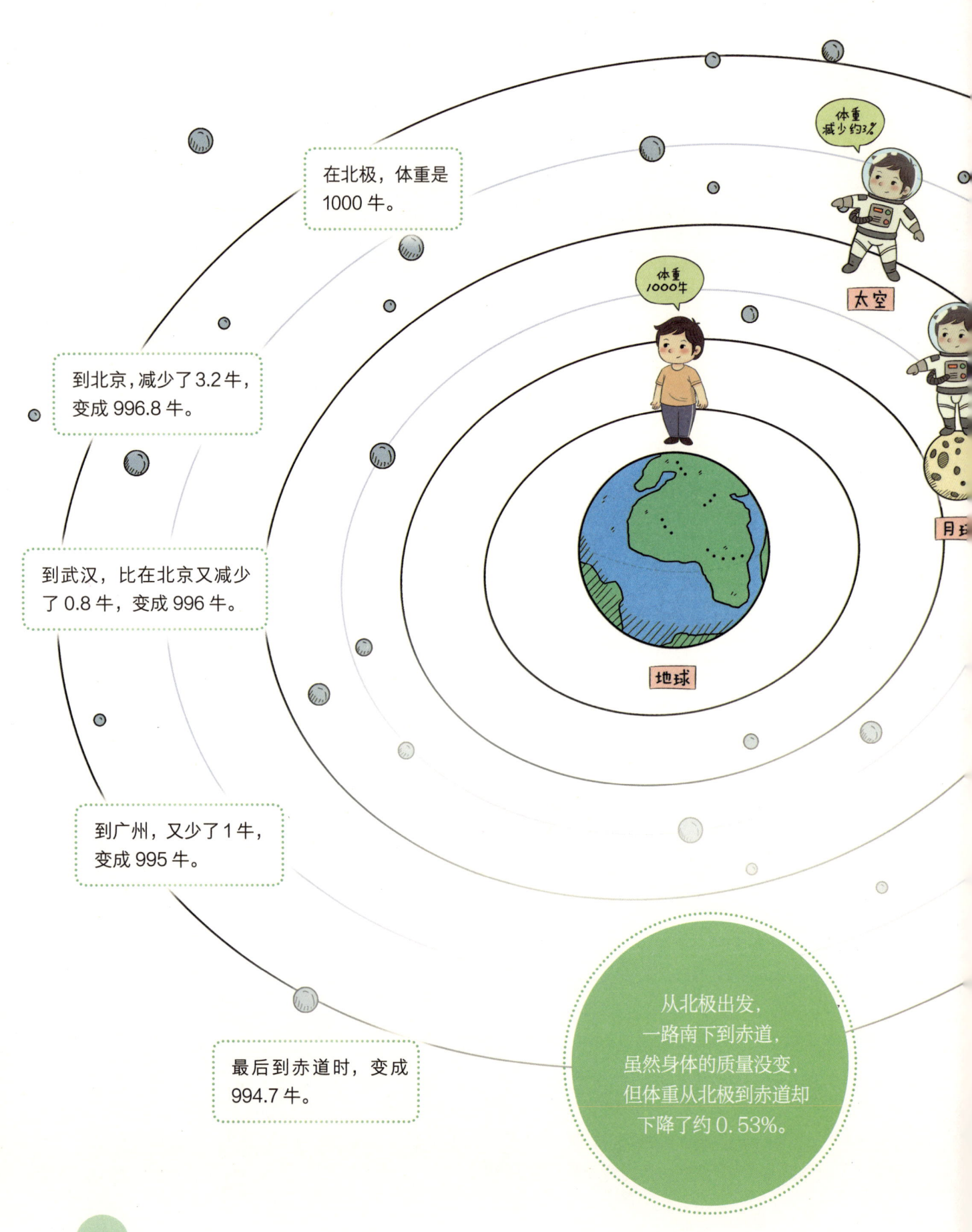

在北极，体重是 1000 牛。

到北京，减少了 3.2 牛，变成 996.8 牛。

到武汉，比在北京又减少了 0.8 牛，变成 996 牛。

到广州，又少了 1 牛，变成 995 牛。

最后到赤道时，变成 994.7 牛。

体重减少约3%

体重 1000牛

太空

月球

地球

从北极出发，一路南下到赤道，虽然身体的质量没变，但体重从北极到赤道却下降了约 0.53%。

影响体重的因素

体重主要与身体所在位置到地球中心（简称"地心"）的距离有关，距离越近越重，距离越远越轻。

地球不是一个正球体，而是一个两极稍扁、赤道略鼓的扁球体，地球极半径约为6356千米，这就意味着南北极到地心的距离最短，从南北极到赤道，地球的半径逐渐变大，地球在赤道的半径为6378千米，也就是赤道到地心的距离最大。所以，同一物体，在南极点和北极点最重，在赤道则最轻。

现在假如你从北极出发，一路南下到赤道，看看你的体重会如何变化。在北极，你的体重是1000牛。到北京，减少了3.2牛，变成996.8牛。到武汉，比北京又减少了0.8牛，变成996牛。到广州，又少了1牛，变成995牛。最后到赤道时，变成994.7牛。

看到了吧，虽然你身体的质量没变，但体重从北极到赤道却下降了约0.53%。

体重还与海拔高度有关，海拔越高，体重越小；反之，体重越大。

还以在北极体重1000牛为例来说明，拉萨的海拔高度是3650米，在这里的体重就是994.7牛，如果登上海拔8848.86米的珠穆朗玛峰顶峰，那么体重就变成了993.7牛，比在拉萨时的体重少了1牛。

假如离开地球，到了月球上，"体重"就只有地球上的1/6。如果飞得再"高"，飞到摆脱地球引力的地方，体重就会被彻底"偷"走，一点儿都没有了！不过，不用担心，质量其实一点儿都没变少。

因为地球各处的重力不相同，同一个物体的重量就会发生变化。

所以，一吨棉花和一吨铁哪个更重看来还真说不准，因为这取决于在哪里称它们，在北极的一吨棉花，就比赤道上的一吨铁要重50牛。

因此，我们国家规定，质量为1千克的物体，只有在纬度45°的海平面上，重量才为1千克力。（注：为了与质量的单位千克加以区别，重量单位要在1千克的后面加个"力"字，即"1千克力"。）

如果今后再有人问你的体重，你正确的回答应该是："在北京，我的体重是多少牛。"这虽然听起来有点较真拗口，但却是最严谨、最科学的。

他用"土"法巧测地球

地球是个两极稍扁、赤道略鼓的扁球体，但在2300年前，绝大部分人对于地球到底是什么形状还几乎一无所知。

但是，就是在这样的情况下，有一位科学家，他不仅意识到地球是圆的，而且还干了一件特别牛的事儿——在没有像样的测量仪器和设备的情况下，居然利用"土得掉渣"的方法，巧妙地测量出了地球的周长和半径。更令人不可思议的是，他的测量结果竟然与当今用高科技方法测量的结果相差无几。

这位牛人就是古希腊科学家埃拉托色尼。

他是怎样发现问题的？又是用什么"土"方法测量的呢？

埃拉托色尼的发现

埃拉托色尼出生于公元前275年，41岁时被聘为亚历山大城图书馆馆长。

在埃及的南部，距离亚历山大城约792.8千米处的塞伊尼，也就是今天的阿斯旺，它的地理位置较为特殊，因为它恰好坐落在北回归线偏北一点点。

在阿斯旺附近的尼罗河中，河心岛上有一口深井。每年6月21日（中国农历的夏至日）的正午时分，太阳光会直直地照进深井，没有一点儿影子，这表明，此时的太阳光线和这里的地面是垂直的。

而亚历山大城因为不在北回归线上，所以夏至这一天的同一时刻，所有竖立的物体在太阳光之下都有影子，说明这里的太阳光不像阿斯旺的太阳光那样垂直于地表，而是与地表斜交。

两座城市间这种不同的天文现象，引起了埃拉托色尼的兴趣和思考。他想能不能利用这种太阳光线照射两个城市的不同角度，来测量地球的周长呢？

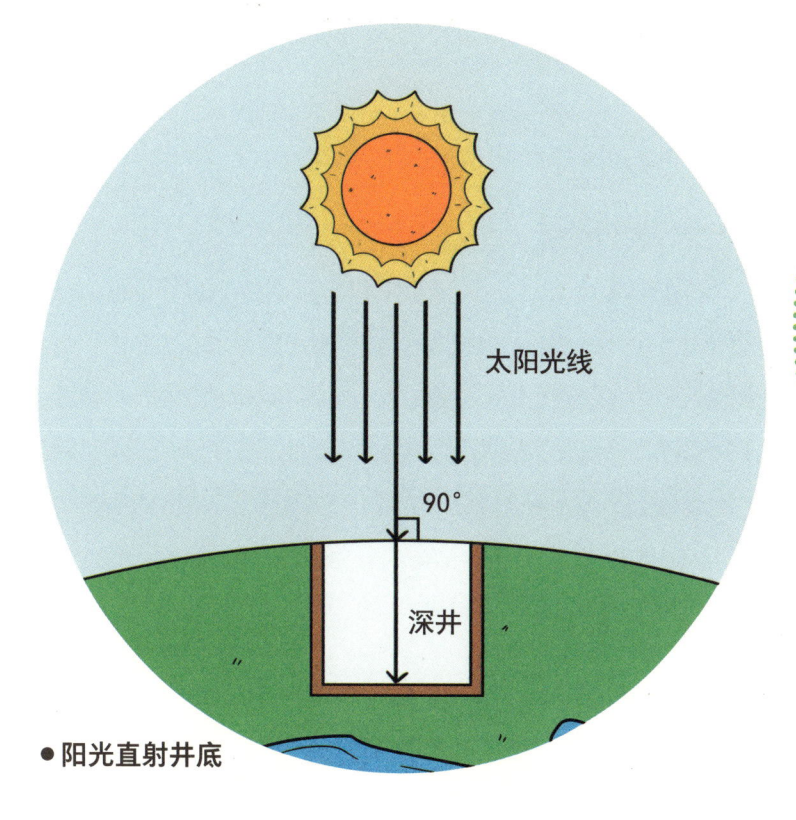

● 阳光直射井底

测量出这个夹角很重要，因为在几何学中有一条重要定理"两直线平行，同位角相等"说的是，当一条射线穿过两条平行线的时候，两个同位角是相等的。

● 两直线平行，同位角1和2相等

他用"土"法巧测地球

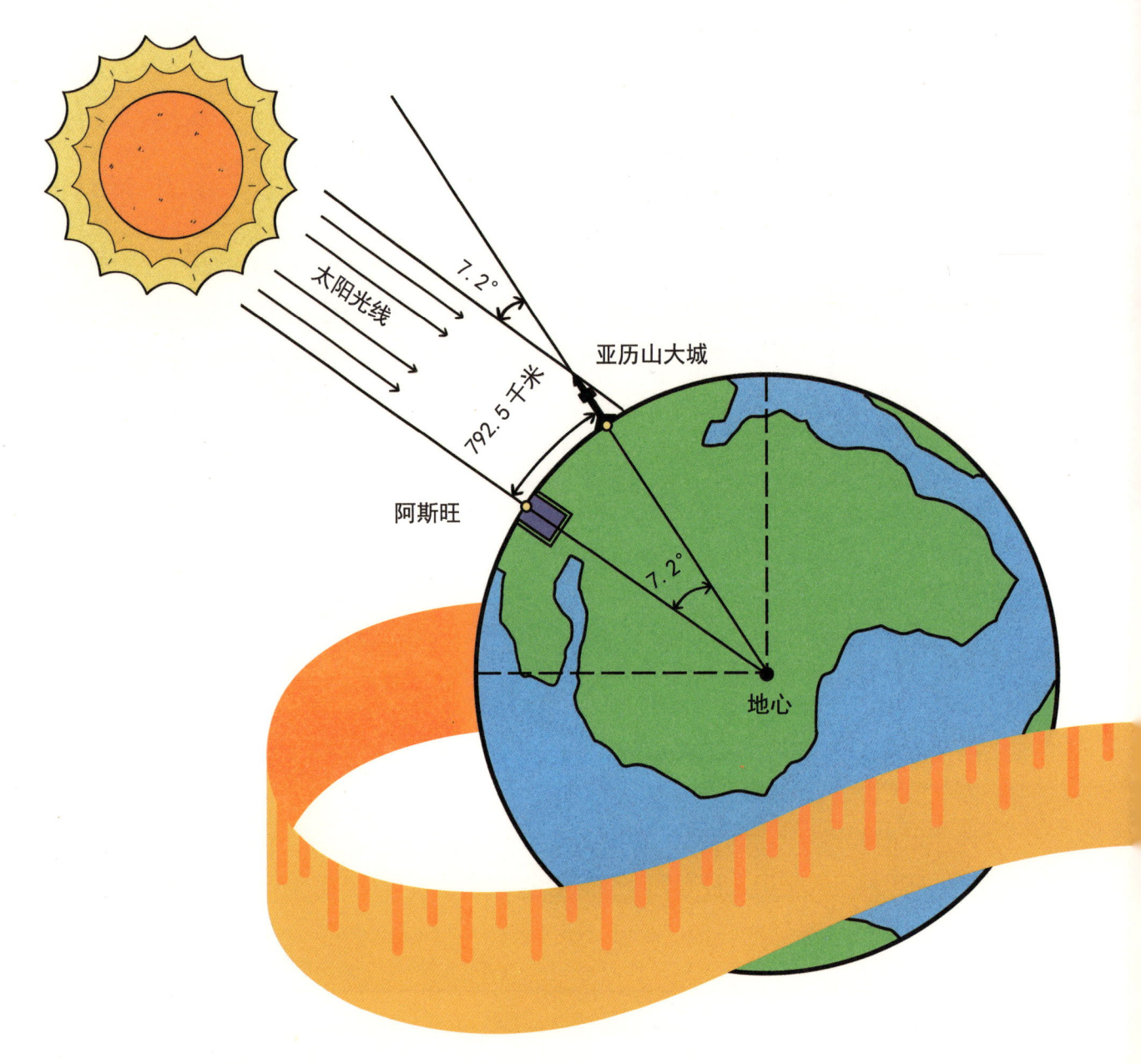

两个奇妙的假设

埃拉托色尼开动脑筋，想出了一个绝妙的办法。

首先，他假设太阳比地球大很多，而且距离十分遥远（当时他不知道太阳比地球大多少倍，距离地球多远），所以，他把太阳光看作一组平行的光线照射到地球上。

然后，他假设亚历山大城和阿斯旺城在一条经线上，也就是说两个城市在正南、正北方向，这样就可以对它们的测量数据做比对。不过，事实上，两个城市并不正好在同一条经线上，亚历山大位于东经29°15″，而阿斯旺则在东经约33°，相差3°多一点。

根据这两个假设，埃拉托色尼在亚历山大城找了一处高塔做参照物，并在夏至的正午时分进行了测量，结果发现太阳光线与高塔之间有7.2°的夹角。

假想把照射到阿斯旺井底的光线无限延伸，直到地心，而亚历山大城的高塔也是竖直建立在地表上的，往下无限延伸的话，也会到地心。这样两条假想的"线"就会在地球中心相交，形成一个圆心角，它与高塔及太阳光在地面上的夹角是相等的，也是7.2°。

一个完整的圆周角是360°，7.2°正好是360°的1/50。所以，只要把7.2°对应的这段弧长，也就是从亚历山大城到阿斯旺的距离算出来，再乘以50，就是地球的周长。

经过埃拉托色尼巧妙地操作，测量地球周长这种无处下手的复杂问题，就变成了两个角相等的简单问题了。

接下来，埃拉托色尼测得阿斯旺深井到亚历山大城的距离大约为792.5千米，用这个距离乘以50，就得出了地球周长约为39625千米，最后修正为39690千米。

这个结果比现代测量的地球赤道周长40075千米少385千米，比南北极周长39942千米少252千米，误差都小于1%。

有的书上说，埃拉托色尼测量的是赤道周长，也有的说是南北极周长。但事实上，因为亚历山大城与阿斯旺城既不在同一条纬线上，也不在同一条经线上，而是稍微斜跨地球，所以这个结果既不是地球准确的南北极周长，也不是准确的赤道周长，而是略偏一点的南北极周长。

后来，埃拉托色尼又根据弧长与圆心角的关系，估算了地球的半径和地球到太阳的距离：地球的半径约为6340千米，与现代测算的6371千米，仅差31千米；地球到太阳的距离为1.47亿千米，而现代测算的数值是1.49亿千米，精度令人惊讶。

2300年前，埃拉托色尼把地理学、物理学、天文学和几何学的知识巧妙地结合在一起，较精确地测量了地球的周长和半径，他的方法虽然看起来有点"土"，但他的智慧和创造力却是超时代的。

> **知识小卡片**
>
> **北回归线** 太阳在北半球能够垂直射到地球的最北的界线，位置是北纬23°26′。这也是一条具有科学意义的地球纬度线，是热带和北温带的分界线。每年的6月21日或22日，北回归线受到太阳光的垂直照射，所以叫"夏至线"。这一天北半球白昼最长、夜晚最短，夏至过后，太阳直射点开始慢慢向南移动。

太阳

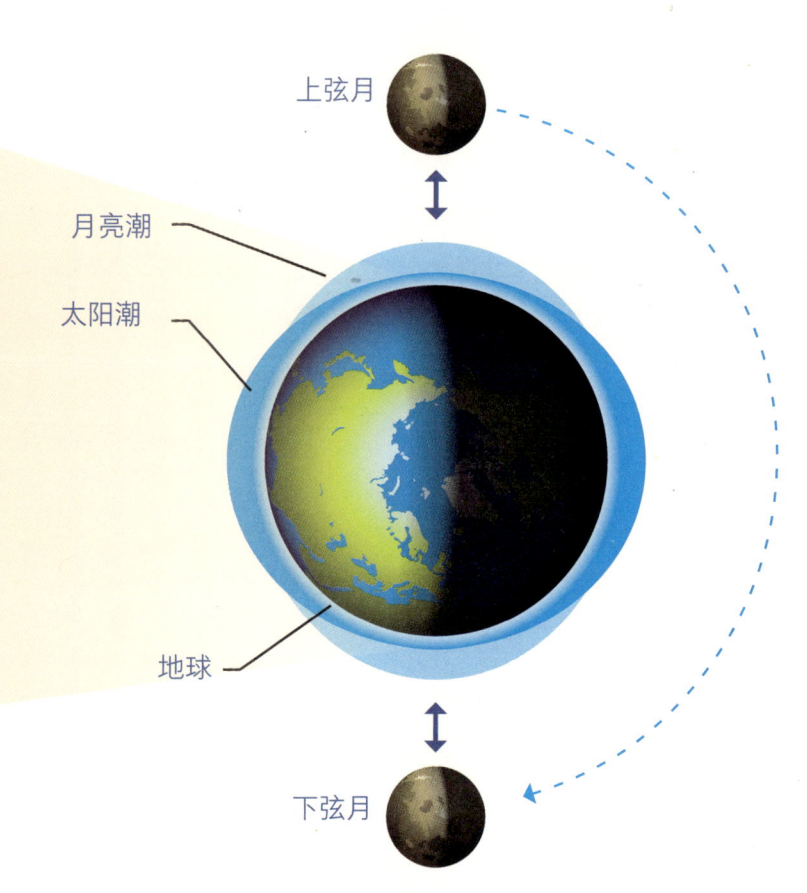

上弦月

月亮潮

太阳潮

地球

下弦月

潮汐力与固体潮

🌏 固体潮

在月球、太阳潮汐力的撕扯和拉拽下，地球的固体表面，如地壳或者岩石圈，会发生有规律的变形，这种现象称为"固体潮"。

固体潮的发生原理和规律跟海水的潮汐一模一样，只不过垂直升降的幅度较小，一般每天只有 20～40 厘米，赤道附近的垂直升降幅度略大一些，为 50 厘米左右，最大不超过 80 厘米，而且升降速度也较缓慢，所以肉眼很难看出来，除非用精密观测仪器进行测量。而海水潮汐汹涌澎湃、波澜壮阔，例如，我国杭州湾钱塘江的最大潮汐达 8.93 米，而世界上最大的潮汐——加拿大的芬迪湾的潮汐更是高达 16.2 米。

知识小卡片

潮汐力 又叫引潮力，顾名思义就是引起潮汐的那种力。最熟悉的例子就是海水每天有规律地两次涨落，白天涨起来的潮水称为"潮"，夜间涨起来的潮水称为"汐"，总称"潮汐"。海水之所以发生潮汐，是月球和太阳，特别是月球对地球的引力造成的。

火山爆发与潮汐力有关吗

20～40厘米的地壳升降，与6371千米的地球半径相比简直不值一提，虽然对我们的生活不会产生大的影响，但这些"微不足道"的地壳变形引起了科学家们的兴趣，他们想探究月球的潮汐力会不会影响地震和火山。

科学家们检测了几个火山，发现地震和火山活动与当地的潮汐规律一致。例如，新西兰的鲁阿佩胡火山，在2007年爆发前的3个月中，火山周围的地震似乎与月球周期的影响同步。

地震与潮汐力有关吗

科学家还发现，大地震可能也与月球的潮汐力有关，地震当天，潮汐力比较大。当潮汐力比较强的时候，就可能加大地下岩石的变形，把一些"小断裂"发展成为"大断裂"，这时候发生大地震的概率可能会提高40倍。

所以有的科学家猜测，随着月球潮汐力的增强，火山和地震活动也可能在同步增强。不过有的科学家却说，月球和太阳的引潮力可以引起地壳轻微变形，但还不足以引起火山爆发，如果潮汐力再增加三倍，或许可以。

木卫一的固体潮

如果说地球上的固体潮太小，不足以引起火山爆发，那么木星的卫星之一木卫一上的固体潮却不同凡响。强烈的固体潮让这颗星球变成了一个火山肆虐的世界。不过，与地球不同的是，木卫一上形成固体潮的原因并不是由于月球和太阳的引力，而是来自它们"家族"内部的"精诚合作"。

意大利的斯特龙博利火山，自1932年以来几乎每隔几分钟就喷发一次。科学家连续记录了其17个月的活动数据，发现每隔14天火山爆发的次数就会增多，与当地的月球潮汐力的规律基本吻合。

木卫一

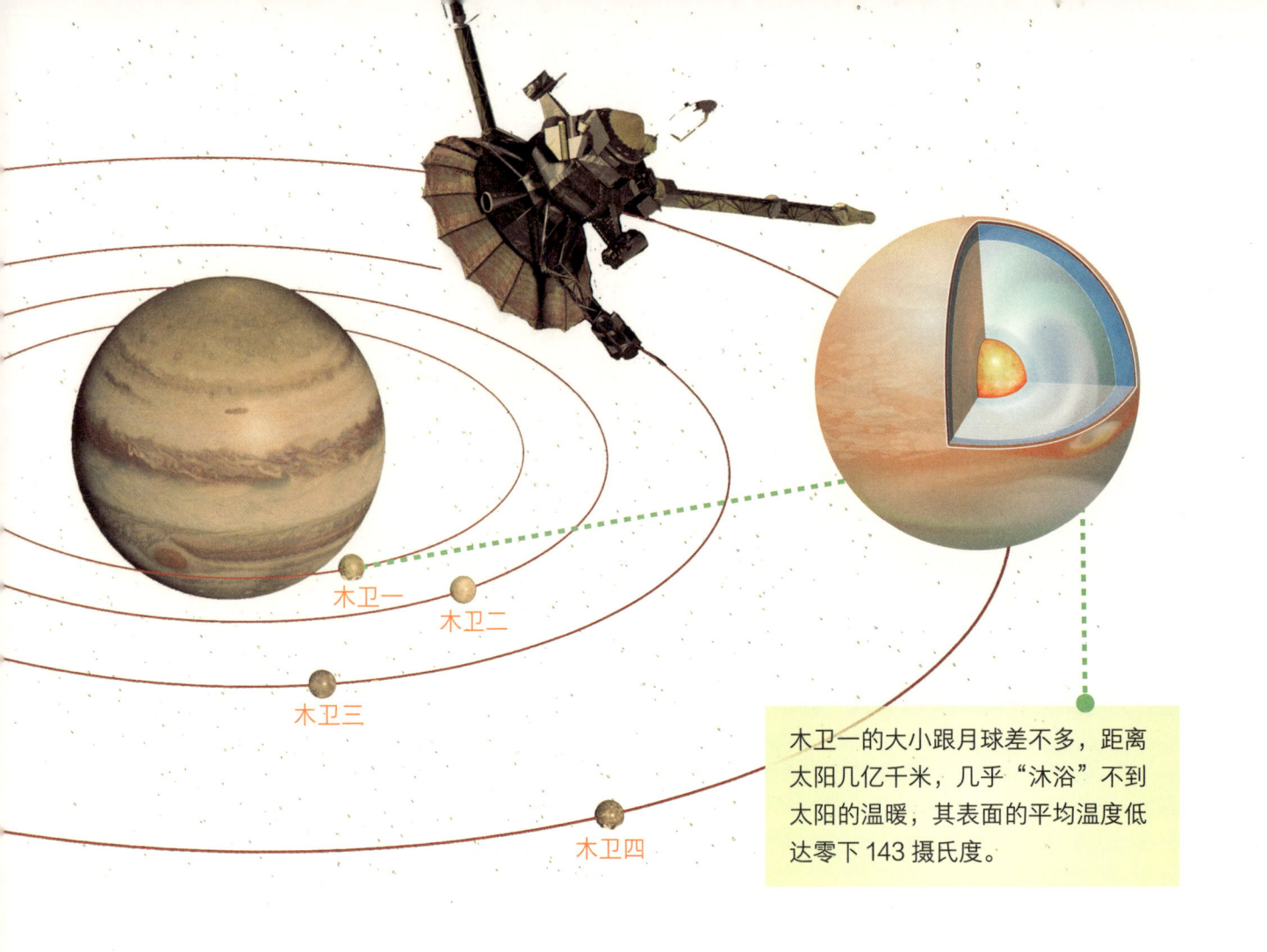

木卫二

木卫三

木卫四

木卫一的大小跟月球差不多，距离太阳几亿千米，几乎"沐浴"不到太阳的温暖，其表面的平均温度低达零下143摄氏度。

　　按常理来说，木卫一内部热能已经消散殆尽了，不可能再有地质活动了，因此，它应该是一个冰冷孤寂、死气沉沉的星球。

　　但令人惊讶的是，它居然还"活"着，而且朝气蓬勃、充满活力。探测发现木卫一上面有400多座活火山，是太阳系中火山活动最强烈的星球：裹挟着硫黄的岩浆四处喷发，炽热翻滚的熔岩湖星罗棋布，其中最大的一个火山口熔岩湖，直径超过200千米，更让人匪夷所思的是，它上面的火山熔浆的温度达到了1600摄氏度左右，比地球上的火山熔浆温度高近600摄氏度。

　　探测器拍摄的照片显示，频繁的火山活动，星罗棋布的熔岩湖，五颜六色的硫黄羽流，以及四处喷发的熔岩造成的神奇的地形地貌，使它看起来像一个发了霉的"比萨饼"。

木卫一内部的热量

我们知道地球上的火山喷发必须有巨大的内部热量，可是木卫一内部根本没有热量，就算原来有，随着时间的推移，也早跟月球一样消散殆尽了。可是强烈的火山活动却告诉我们，它不但有热量，而且有很多。这就奇怪了，木卫一的热量来自哪里呢？

经过详细研究，科学家终于弄明白了，原来木卫一的热量的确不是来自它的内部，而是来自它的"母星"以及两个"兄弟"——木卫二和木卫三的"轨道共振"所产生的引潮力。

随着木卫一与两个"兄弟"之间距离的时远时近，它受到的潮汐力也时大时小，使它一会儿被拉伸，一会儿被压缩。在每两天的运行中，它就会产生90多米的地面垂直升降距离，至少是地球固体潮的250～500倍。不断地撕扯、揉搓，导致它的内部岩石之间发生摩擦和变形，从而使其内部温度不断攀升，这种现象称为"潮汐摩擦加热"。就像反复折弯一根铁丝，会使铁丝发热，或者像冬天里，我们搓揉双手使手生热一样。

持续不断的潮汐摩擦加热能使木卫一的内部温度达到1000摄氏度以上，其上的部分岩石变成高温岩浆，并最终在巨大的压力下喷涌而出。

木卫一上的火山让我们领略到潮汐力和轨道共振的威力，以及所引起的强大的固体潮，也让我们不禁联想到一个有意思的问题。

地球早期火山活动非常强烈，几乎整个地球表面都被滚烫的火山熔岩覆盖。由于当时月球与地球之间的距离约为2.4万千米，比如今要近得多，也就是说月球对地球的引潮力肯定比现在要大很多，那么，引发早期地球火山爆发的是月球的引潮力，还是地球自身内部的热量，或是这两种自然力量的"精诚合作"呢？

目前，科学家还没有揭开这个古老而有趣的谜团。

> 迄今为止，科学家发现木星至少有79颗卫星绕其旋转，其中有三颗卫星配合得"天衣无缝"，它们的转数比正好是1∶2∶4，也就是说在同一时间内，木卫三转1圈，木卫二转2圈，而木卫一转4圈。具体来说，木卫一每转2圈，木卫二就转1圈，所以它们总会在一个位置上定期"重逢"，这时它们之间的距离最小；同样，当木卫一转4圈，木卫三转1圈时，它们也会定期"重逢"。
>
> 科学家们把这种现象称为"轨道共振"，而像木卫三、木卫二与木卫一这种共振就叫作1∶2∶4轨道共振。

潮汐力与固体潮

人类能钻通地球吗

20世纪六七十年代,美国和苏联展开全面竞争,其中有一项"别开生面"的竞赛是打洞,即往地下打钻,看看谁先钻穿地壳,钻进地幔,取出地幔样品,甚至钻进地核一探究竟,揭开地球深处的奥秘。

莫霍洞

最初提出"挖地洞"想法的是美国海洋物理学家沃特·蒙克。1957年,他建议美国在大洋底部打一口用于科学研究的超深钻井,钻透地壳,到达莫霍面,探查地球深处的物质和构造。美国人把这项计划叫作"莫霍钻探计划",甚至连"洞"的名字都起好了,叫"莫霍洞"。

要想钻透地壳，距离最短的路线莫过于从大洋底部开始钻，因为那里距离莫霍面只有约5千米，在大洋中脊一带可能更浅一些，而陆地下的莫霍面则要深得多，至少有17千米。因此，美国人觉得，从大洋底部钻洞，钻透莫霍面，到达地幔应该不成问题。

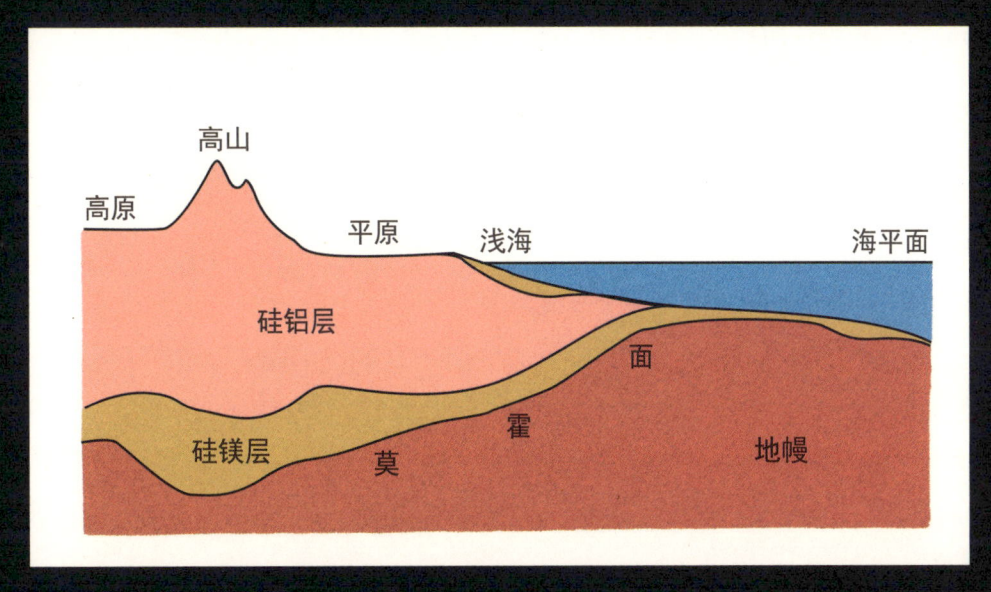

● 地壳结构示意图

"莫霍钻探计划"是人类历史上首次在深海科学钻探的研究计划。美国人把钻洞的位置选在墨西哥湾，因为这里的水深约948米，是太平洋洋壳比较薄的地方，预计只要钻4500米左右就能钻透地壳。一旦大功告成，美国将成为实际上第一个钻透地壳的国家。

1961年3月至4月，他们紧锣密鼓，开始疯狂钻洞。开局不错，在20多天里，他们钻出了一个深315米的洞，但接着却遇到了各种各样无法解决的技术难题，再也钻不下去了，到1966年，因为难以承受高昂的费用，不得不草草收兵。

钻探5000米的目标仅完成了不到7%，雄心勃勃的"莫霍钻探计划"夭折了。

自此，美国放弃了"莫霍钻探计划"，将注意力转向了太空，集中精力发展载人登月工程，也就是著名的"阿波罗"计划。

事实上，虽然美国放弃了"莫霍钻探计划"，但并未停止"挖洞"。例如，仅1969年至1975年之间，美国就钻出深度超过6000米的超深钻井397口，1974年还钻出了一项当时的世界纪录——深达9583米的超深钻井。

"俄国莫霍钻洞"计划

1969年7月16日，美国人成功登月，苏联受到了极大刺激，决心要在"挖地洞"上扳回一局。1970年，苏联推出了一项超级工程"俄国莫霍钻探洞"计划，目的就是要赶在美国之前，到达莫霍面，获取地幔岩石样品，在全世界面前"秀一把"他们强大的科技实力。

苏联人共布置了约30个超深钻井，其中最具代表性的是科拉半岛上的"科拉-3"号超深钻，也叫作"科拉超深钻"。不过，与美国在大洋上钻洞不同，"科拉超深钻"是在陆地上钻洞。按照地质学家估计，只要钻15000米，就可以钻透莫霍面，进入地幔，正常情况下，"科拉超深钻"用四年时间就可以完成。

1970年5月24日，"科拉超深钻"开钻。

从地表到地下7000米处，一路高歌猛进，这让苏联人看到了胜利的曙光；到1979年6月，已经钻到了9584米，打破了美国9583米的世界纪录，接下来每钻进一米，都在创造着人类历史。

1980年，突破10000米大关；1989年，钻到12262米。可是就在距离15000米的预设目标只剩下2738米时，苏联人却突然鸣锣收兵，停止了这项雄心勃勃的"挖地洞"计划。

这是怎么回事？

原因是多方面的，但最主要的是地球深处越来越复杂的地质特性，如温度与压力等，比地质学家事先估计的要糟糕得多。

正常情况下，岩石的物理性质随着深度的增加而改变，例如，岩石中的空洞和透水性，越往深处，岩石承受的压力越大，巨大的压力会把岩石压得更紧实、更致密，空洞越来越少，导致岩石的透水性越来越差。但实际情况正好相反，越往下，空洞反而越来越多，甚至还有水、二氧化碳、甲烷、氢气、氦气等气体。

地下5000～8000米，岩石中的空洞比地表岩石多一些，而到9000～11000米时，居然增多了3%～4%，是地表岩石空洞的3～4倍，岩石变得松散不堪。

金属钻头"欺硬怕软"，对付坚硬岩石绰绰有余，而面对柔软松散的岩层反而"无计可施"，柔软松散的岩石会卡住钻杆，造成钻头折断或脱落。出现这种情况，不管

• 12260米深的"科拉-3"号岩石，形成于约27亿年前

钻了多深，这个洞只能报废，然后回到7000米处重新钻。在7000米以下，此类事故频发，让苏联人焦头烂额。

地下温度从地下约30米处，一般每加深100米，温度平均升高约1～3摄氏度，随着温度的不断升高，压力也随之增大。

科学家曾推算，在10000～11000米深度的温度应该是120～140摄氏度，但实际是180～200摄氏度，这意味着到15000米处，温度将超过300摄氏度，再加上钻头旋转与岩石的摩擦生热，可以想象，在这样的温度和压力条件下，任何钻头都可能变得像"软柿子"一样。尽管工程师们绞尽脑汁研制出了能够在316摄氏度高温下正常工作的钻头，但依然无济于事，一个新钻头钻不了几下，就熔化掉了。

• 地下深处的高温、高压及钻头与岩石摩擦生热，使得钻头变形、熔化

1991年，人们曾实测过12262米井底，温度为220摄氏度，压力为1500个大气压。在这样的情况下，即便是一辆坦克也会瞬间被压扁，可见环境的恐怖程度。

苏联人历时近20年，在地球上"挖"了一个12262米深的"洞"，但它仅是当地地壳厚度的1/3，还不到地球半径的1/500，距离地心还有6370千米！

魏格纳和他的"大陆漂移"假说

很久以前,地球上的大陆是连在一起的,四周被海洋包围着。后来这块大陆才慢慢分开,漂移到现在的位置,变成了七大洲、四大洋。当时那块大陆的名字叫"盘古大陆"或"联合古陆",而它周围的海洋叫"泛大洋"。

提出这种观点的是德国科学家阿尔弗雷德·魏格纳。

偶然的发现

1910年春天,魏格纳因为生病躺在床上休息。他漫不经心地看着挂在墙上的世界地图。看着看着,他突然发现了一个有趣的现象:大西洋两岸的轮廓竟然能相互吻合,特别是巴西东端的突出部分,与非洲西岸凹进去的部分可以严丝合缝地连在一起。再往北,北美洲的东海岸与欧洲到非洲的西海岸也能很好地拼合在一起。紧接着,他把地图上所有的陆地块都剪下来,拼在一起,结果惊奇地发现,所有的陆地都可以相互接起来,拼成一个整体。

魏格纳既惊讶又兴奋,难道现今这些陆地在远古时曾连在一起,后来才分开的吗?

不过,这个想法在他脑海里只是一闪而过,当时他并不认为这个发现具有什么重大意义。

拼接不是巧合

第二年秋天,魏格纳在图书馆的一本书上看到:"根据古生物的证据,巴西与非洲之间曾经有过陆地相联结"的说法。魏格纳为之一振,这不就是证据吗?看来大陆海岸线能够拼接起来绝不是偶然的巧合,而是真的。

他想,假如现在的这些大陆原来是一整块的话,那么隔海相对的大陆,在地层、岩石、古生物等方面应该是一样的。于是,他决定去寻找更多的证据来验证他的想法。

病愈后，他跑遍大西洋两岸，对那里的地质构造、岩石、古气候、古生物学等进行实地调查，果然发现大西洋两岸的地层年代相当，岩石类型相同，古生物和气候特征也都遥相呼应。

例如，在南非和巴西，年代相同的地层中都发现了中龙化石。中龙是一种生活在淡水或微咸水潭里的爬行类动物，不可能横渡波涛滚滚的大西洋，跑到对岸去。

● 中龙复原图及中龙化石

更有趣的是，有一种蜗牛化石，不仅在德国和英国等国家有，在大西洋对岸的北美洲也有。蜗牛步履蹒跚，行动缓慢，不可能远涉重洋，跨过大西洋，从一岸爬到另一岸。

所有这些证据都集中到一点，那就是这些地方当时的确是一个整体，而这些动物原来就生活在那里，后来随着大陆分离，漂移到各自的位置，最后变成了化石。

1912年，魏格纳根据确凿证据，提出了震惊世界的"大陆漂移"假说，并在《海陆的起源》一书中做了详细论证。

"大陆漂移"假说

魏格纳认为3亿～2.5亿年前，地球上所有的大陆曾经是一个拼在一起的盘古大陆。在1.8亿年前后，也就是侏罗纪中期，盘古大陆分裂成几块，并向四处漂移，到约200万年前，才慢慢地漂移到现在的位置，泛大洋被陆地阻隔，形成了如今的七大洲、四大洋。

这就是著名的"大陆漂移"假说。

魏格纳把盘古大陆裂开和漂移的过程形象地比喻为许多被撕破的报纸碎片，如果按照参差不齐的毛边拼接起来，报纸上印刷的文字都恰好整齐吻合。那么人们就不得不承认，这些碎片都出自一张报纸。

"大陆漂移"假说极大地冲击了人们固有的认知，人们第一次听说脚下的大陆居然还能漂移，所以有些人在对"大陆漂移"假说喝彩的同时，更多的人则是指责和嘲讽。

虽然"大陆漂移"假说的证据确凿，逻辑合情合理，但确实存在两个关键问题没有解决：一是大陆是在什么上面漂移的；二是驱动大陆分裂并漂移的力量来自哪里。如果这些问题不解决，那么不论证据多么确凿、充分，"大陆漂移"假说也只能是无根之木、无源之水。

魏格纳认为大陆地壳分为硅铝层和硅镁层。硅铝层较轻，在上面；硅镁层较重，在下面。所以硅铝层的大陆漂浮在硅镁层上，而驱动力则来自两个方面：一是月亮和太阳对地球的引力所产生的潮汐力，使大陆向西漂移；二是地球旋转所产生的使物体往赤道方

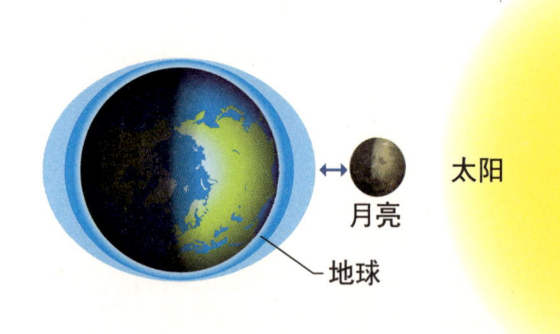

月亮和太阳对地球的潮汐力，使大陆向西漂移

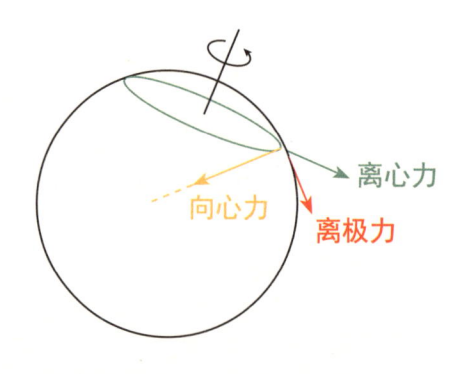

地球自转所产生的使物体往赤道运动的离极力，使大陆向赤道方向漂移

● 魏格纳认为大陆漂移的两种力

向运动的离极力，这使大陆向赤道方向漂移。

但是人们经过计算后发现，硅铝层与硅镁层之间的摩擦力太大，而潮汐力和离极力太小，根本不足以让大陆分裂并漂移。

在一片质疑和指责中，"大陆漂移"假说慢慢无人问津了，魏格纳也黯然离场。但他仍念念不忘"驱动大陆漂移的力量是什么"这个根本问题，一直在寻找更多的证据来验证。不幸的是，1930年11月，他在北极格陵兰岛考察时遇难，直至第二年4月，他的遗体才被人们发现。

100多年前，对于"推动大陆分裂和漂移的力量究竟是什么"和"大陆在什么上面漂移"这样的问题，不只魏格纳说不清楚，其他人也说不清楚。

魏格纳逝世20多年后，人们在大西洋海底探测时偶然发现了大陆分裂、漂移的证据。

事实上，魏格纳并不是第一个发现大西洋两岸大陆相互吻合的人。

早在魏格纳正式提出"大陆漂移"假说的300多年前，比利时科学家亚帕拉罕·奥特柳斯，在他绘制的图集《世界概貌》中就发现了这一现象。不过他认为是地震和洪水把美洲从非洲和欧洲分离出来的。后来又有几位著名学者陆续注意到这一现象，如英国哲学家培根、德国著名地理大师洪堡等，有的人提出的观点与"大陆漂移"假说很相似。但是因为各种原因，他们没有刨根问底，更没有锲而不舍地去寻找证据，结果与一个伟大的发现失之交臂。

魏格纳在他的著作《海陆的起源》中说：

"如果我的推测是正确的，我一定要用事实来证明它！"

魏格纳的一位朋友曾经说道："他并不是天赋异禀的神童，对于数学、物理学等的研究并没有什么过人的天赋，但是他善于充分利用已有的知识，把每一件事情正确地组合起来，依照严谨的逻辑判断能力，得到最终的结论。"

> **小贴士**
> 离极力是一种虚拟的、现实中并不存在的力。简单说就是由于地球自转而产生的一种使地表物质离开南北极地，往赤道方向运动的一种力。

魏格纳不是第一个发现问题的那个人，但却是发现问题后，迅速寻找证据验证并坚持到最后的那个人！所以他才成为历史上第一位提出"大陆会分裂，会漂移"的科学家。

洋底"巨龙"
——大洋中脊

地球上有这样一条山脉，它雄伟壮观、蜿蜒曲折，跨越整个地球。地球深处滚烫的岩浆从这里不断喷涌而出，创造出新的地壳，推动着两侧的地壳不断往外扩大、延伸；这里浓烟滚滚、热气腾腾，充斥着有毒气体，却又滋养着无数生命。它就是位于海平面几千米之下的大洋中脊，一条盘踞在大洋底的"巨龙"。

大洋中脊的发现

大约 150 年前，人们想在大西洋海底铺设一条海底电报电缆，在铺设前必须先弄清楚海底的地形和地貌。科学家在调查和测量时，发现了一个很奇怪的现象：大西洋中部的水深为 1000 米左右，而大西洋两侧的水深居然达到了 3000～4000 米。

科学家对此百思不得其解。因为按常理，越往大洋的中心部位，海水应该越深，可为什么这里的海水却是中部浅两侧深呢？

1927 年，德国科学家在测量大西洋海底地形时才恍然大悟，原来在大西洋海底中间有一条纵贯南北的大山脉。山脉从北极圈附近的冰岛开始，一直延伸到南纬 40 度，长达 1.7 万千米，好像大西洋的"脊梁"，所以科学家把这一类"脊梁"称为大西洋中脊，简称大洋中脊。

> **知识小卡片**
>
> **大洋中脊** 在大西洋海底中间有一天纵观南北的巨大山脉。山脉从北极圈附近的冰岛开始，一直延伸到南纬 40 度，长达 1.7 万千米，像大西洋的"脊梁"，所以称为大洋中脊。

随后，科学家发现，在太平洋和印度洋也都有类似的"脊梁"，而且令人意想不到的是，它们还能彼此连接到一起，组成一条贯穿全球的海底山脉，总长约 8 万千米，比陆地上所有山脉的长度加起来还要长。这条山脉宽 1000～1300 千米，平均高度约 2000 米，最高处可达 2700 米，占据了 1/3 的海底面积，活像一条盘踞在洋底的巨龙。

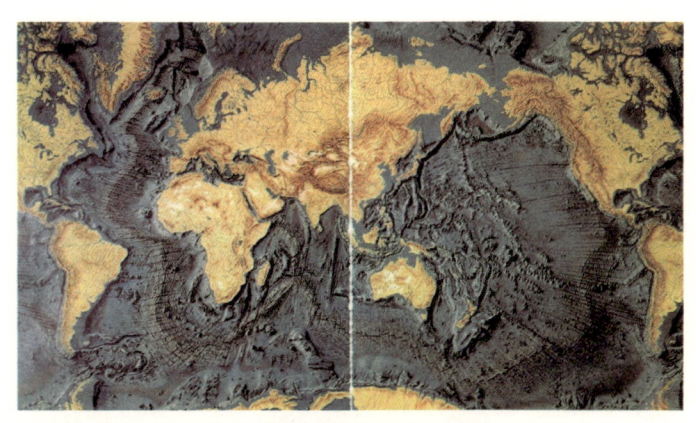

● 大西洋中脊（左）和太平洋中脊（右）

中央裂谷

假如把大洋中的水都抽干，你会看到：在大洋中脊的中间有一条宽约 30 千米的大裂缝，就像用刀劈的一样，齐刷刷地从中间裂开。地球深部炽热的岩浆从这里喷涌而出，数百座海底火山猛烈喷发，科学家将这个裂口称为"中央裂谷"。

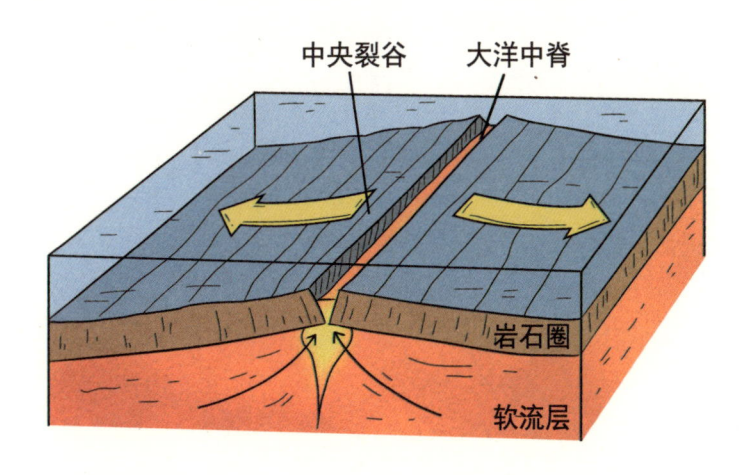

陆地上的多数山脉，例如，喜马拉雅山、阿尔卑斯山等都是由地球板块碰撞形成的，那大洋中脊是怎样形成的呢？

要弄清楚大洋中脊的成因，就必须从地幔热对流讲起。

地幔热对流

地球深处的热量使地幔下层物质受热膨胀，体积变大，密度变小，而地幔上层的物质受热相对较少，密度相对较大。这导致下层较轻的物质往上浮，而上层较重的物质往下沉，就形成了热对流。

洋底"巨龙"——大洋中脊

上升的热流到达岩石圈时受到阻挡，就会向四周扩散、分流。热对流的热量就会减小，温度降低，密度增大，然后下沉，再回到地幔深处。热对流就这样上上下下、反复循环。科学家们把这种引起地幔物质上下运动的过程称为地幔热对流，也叫地幔对流。整个过程就跟烧开了的水一样，上下翻滚、对流。

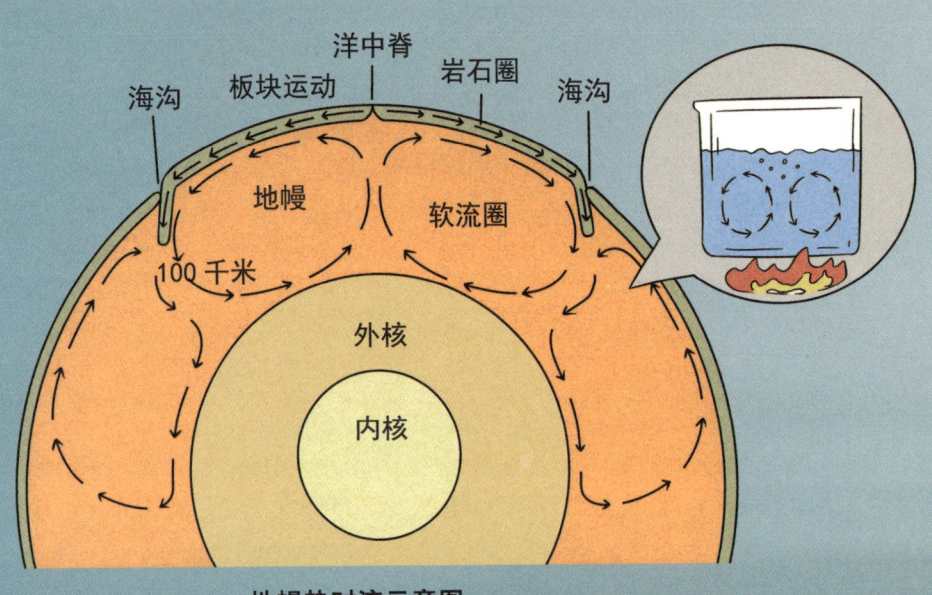

● 地幔热对流示意图

地幔热对流会产生巨大张力，把地壳板块硬生生地"撕"开一个深深的大口子，这个大口子就是中央裂谷。地下深处炽热的岩浆在巨大的压力下，沿着中央裂谷不断喷涌出来，遇到凉凉的海水，就在裂谷两侧冷却固结，堆积下来，日复一日、年复一年，最终形成了数万千米长，纵贯全球的大洋中脊。

海底热泉

1977年，科学家发现了更有趣的现象，大洋中脊里居然树立着很多几米到几十米高的柱子，它们正在"咕嘟咕嘟"地往外冒着"浓烟"，有黑色的、白色的、黄色的，还有褐色的。不过，这些"浓烟"不是真正的烟，而是一股股滚烫的热液。海水沿着中央裂谷渗透到地球深处后被加热，溶解了岩石中的铁、锰、铜、锌等金属及硫、碳等，最后在高温高压作用下，又被喷射了出来，这些喷射出来的液体就是热液。这跟陆地上的火山热泉类似，所以科学家又把它们称为海底热泉，喷射热液的柱子好像工厂里一根根冒烟的大烟筒，所以叫作海底烟囱。

海底烟囱整日"浓烟滚滚、烟雾缭绕",周围的海水温度高达 100～400 摄氏度,压力是地球表面的 400～500 倍。这里暗无天日,没有阳光,没有氧气,到处充斥着硫化氢等有毒物质,环境极其恶劣。

海底火山与生命

令人难以置信的是,这些滚烫的海底烟囱居然养育着生命。这里聚集着大量的蠕虫、蛤、贻贝、虾蟹、水母、藤壶及细菌等生物,有的地方,甚至一平方米区域内竟然拥挤着 50 多种生物。这些"特殊居民"与陆地上的生物截然不同,它们不需要阳光来提供能量,而是汲取海底热泉的化学能量,它们的"食谱"很简单,靠海底烟囱喷出来的矿物质就可以解决"一日三餐",维持生存,繁衍生息。

原来大洋底下并不像我们想象的那样死寂荒凉,而是富有朝气、充满活力。在温度、压力等物理作用和化学作用的支配下,这里每时每刻都在发生着与地表相似却又截然不同的地质作用,从而创造出了不同凡响的海底地形景观。

● 海底生物

此生彼亡 更新换代
——海底扩张说

1912年，魏格纳提出了"大陆漂移"假说，但他不清楚驱动大陆漂移的力量来自哪里，也不知道大陆是怎样漂移的。之后这个假说便被人们渐渐遗忘。直到约50年后，一个新的学说——海底扩张说的出现，改变了人们的认知，一度被冷落的"大陆漂移"学说又重新受到了重视。

陆地上岩石的"岁数"动不动就是几亿年、十几亿年，甚至几十亿年，最古老的岩石可达约40亿岁了。

20世纪60年代初，美国地质学家哈里·赫斯等科学家在研究大西洋海底时发现，与大陆地壳相比，大洋地壳的年龄要小得多。更奇怪的是，大洋中脊的地壳最年轻，越往两边，年龄越老，离大洋中脊最远的地壳最老，但都不会超过2亿年。

哈里·赫斯等人研究认为，出现这些现象的原因是大洋中脊是大洋新地壳的诞生之地。地下深处的岩浆沿着大洋中脊的裂谷涌上来，遇到海水冷却后形成大洋地壳，而后面继续涌出来的岩浆又形成新的地壳。热对流的地幔就像两条"传送带"，带着新地壳从大洋中脊向两侧扩张，把原先形成的"老地壳"向两边推挤。随着深部岩浆的持续涌出，大洋地壳不断地更新和扩张，"最老"的地壳被推挤到几千千米之外，所以离大洋中脊越近的大洋地壳越年轻，离大洋中脊越远的大洋地壳越老。随着大洋中脊大洋新地壳的不断形成，差不多每2亿年，大洋地壳就更新一次，这就是大洋地壳的年龄一般不超过2亿年的原因。

> **知识小卡片**
>
> **地壳** 分为大陆地壳和大洋地壳。大陆地壳又细分为上下两层，上层的成分以氧、硅和铝为主，所以又称硅铝层，下层则以氧、硅和铝为主，但镁、铁等比较重的物质增多，因此称为硅镁层。

老地壳去哪里了？

如果大洋地壳一直这么"长"下去，持续不断地往两边推挤、扩张，地球会不会变得越来越大呢？可事实上地球并没有因此而变大。那么，被推挤到大洋边上的那些"老地壳"去哪里了呢？

原来因为大洋地壳的密度比大陆地壳的略重一点，当那些"老地壳"被推挤到大洋边缘，与大陆地壳相遇时，便深深地钻进地幔中了，在地幔高温高压的作用下，大洋地壳熔化成岩浆"消失"了。在地幔热对流的驱动下，一部分岩浆可能再次从大洋中脊涌出，形成新的大洋地壳，或者喷出地表形成火山。可见，大洋地壳总是在新生、运动、扩张、消亡、新生的循环之中，周而复始地运动。也就是说，新地壳在大洋中脊不停地"出生"，而一些"老地壳"在大陆边缘不断地"死亡"，随着这一过程的进行，大洋地壳不断地"改头换面，旧貌换新颜"。

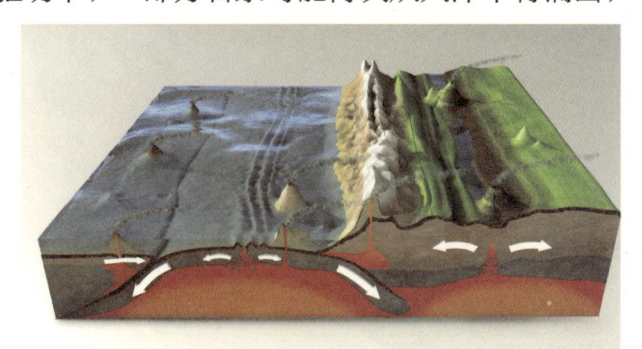

海底扩张说

科学家将大洋地壳在大洋中脊生长，在地幔热对流的带动下，向两侧不断运动、扩张、消亡的过程称为"海底扩张说"。

> **小贴士**
> 大陆地壳的平均密度是2.7克每立方厘米。而大洋地壳没有硅铝层，只有硅镁层，以及厚度不大的沉积层，平均密度是3.0克每立方厘米，略大于大陆地壳。

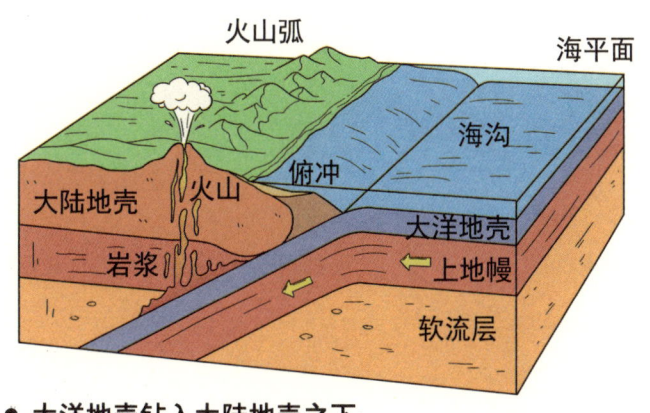

● 大洋地壳钻入大陆地壳之下

海底扩张的速度极其缓慢，比我们的指甲长得还慢。例如，大西洋底仅有2厘米。乍看之下，每年区区几厘米，不值一提，但如果放到地球历史的尺子下，结果就会让人大吃一惊。每年扩张0.02米，一万年就扩张200米，一亿年就扩张2000千米，两亿年扩张就达4000千米。

在地幔热对流的驱动下，不仅大陆在漂移，海底在扩张，而且整个地壳岩石圈也在不停地缓慢运动。我们肉眼看不到的这些变化，经过日积月累，积微成著，塑造出了大海、陆地、高山、峡谷等千姿百态的地形地貌。

塑造全球的力量
——板块构造学说

我们已经知道，地球内部分为地壳、地幔和地核，地幔又分为上地幔和下地幔。地壳和上地幔顶部的固体部分合称为岩石圈。岩石圈的下面是一个叫软流圈的特殊圈层。软流圈的温度为 1300 摄氏度左右，压力约 3 万个大气压，软流圈的物质是可塑的，像受热的沥青一样，能非常缓慢地流动，流动的速度约等于时针转动速度的万分之一。

板块构造学说认为，地球的岩石圈不是一个整体，而是由亚欧、非洲、美洲、太平洋、印度洋和南极洲六大"块"镶接而成的，科学家把这些"块"称为岩石圈板块，简称板块。

这些板块跟魏格纳大陆漂移说中所说的大陆并不完全是一回事，与地理上的洲也不吻合，除太平洋板块全部是大洋地壳外，其他板块既有海洋，也有陆地。

这些岩石圈板块"漂浮"在软流圈上面，就像冰山漂在海水上一样。在地幔热对流的带动下，跟着软流圈一起慢慢地移动。不过，每个板块的移动速度和方向都不一样，有的很慢，有的很快。例如，印度洋板块以每年约 5 厘米的速度向北移动，非洲板块以每年约 2.5 厘米的速度向东北方向移动，而我们所在的亚欧板块，在非洲板块和印度洋板块的推挤下，每年以约 2 厘米的速度向北和向东移动。

知识小卡片

板块构造 大陆漂移说和海底扩张说告诉我们，在地球上，大陆和大洋的位置并非固定不变，而是在不断地漂移和运动扩张的，这改变了许多人对地壳运动的传统认知。20 世纪 60 年代，在大陆漂移说和海底扩张说的基础上，法国的萨维尔·勒皮雄、美国的加雷斯摩根和英国的麦肯齐等科学家提出了"板块构造学说"，他们认为不光大陆在漂移，海底也在扩张，整个地球的岩石圈都在运动。

这六大板块也不是"铁板一块",它们会被若干个大断裂带分割成一些更小的"块"。迄今为止,科学家已经划分出40多个次级板块。所以,整个地球岩石圈看起来有点像一幅镶嵌画或者拼图。

分离边界

如果板块之间相背运动,彼此分离,就叫"分离边界"或"离散边界"。最典型的例子是大西洋中间的大洋中脊,两个板块沿着中央裂谷彼此分开,地下深处的岩浆涌出,冷却后形成新的地壳,所以这种边界也叫"增生边界"。

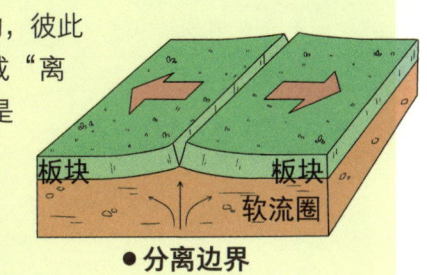

● 分离边界

● 东非大裂谷

"地球的伤疤"——东非大裂谷也是一个分离边界。非洲板块和印度洋板块张裂拉伸,先形成裂缝,后来裂缝越来越大,造就了如今宽约200千米,深约1500米,长约6400千米的大裂谷,而且还在缓慢扩张。科学家预测,再过2亿年,东非大裂谷就会被彻底撕裂,中间的深谷将会成为宽阔的新大洋,非洲东部也可能会和非洲大陆分离,成为一块独立的陆地。

板块边界

板块与板块在运动中相互接触的部位叫作"板块边界"。板块边界是地球上地质作用最活跃的地带,大部分的火山和地震都发生在板块边界的附近,但不同的板块边界所发生的地质作用各有特色。

科学家把板块边界分为分离边界、汇聚边界和错动边界三种类型。

塑造全球的力量——板块构造学说

汇聚边界

与离散边界相反，如果两个板块相互碰撞或者消亡，称为"汇聚边界"或"消亡边界"。汇聚边界比离散边界要复杂得多，包括大陆和大陆、大洋和大洋、大陆和大洋三种不同边界，所形成的地质和地理特征也截然不同。

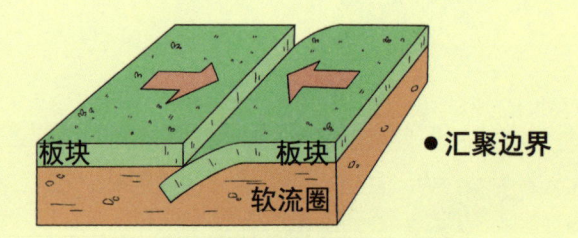

●汇聚边界

●世界屋脊

●马里亚纳海沟，地球的最深处

错动边界

两个板块以相反方向水平滑动，形成断裂或断层，称为"错动边界"，也叫"剪切边界"。当两个板块的滑动被卡住时，断层内的压力和能量会不断聚集、增加，一旦突破极限，能量突然释放，就会引发大地震。

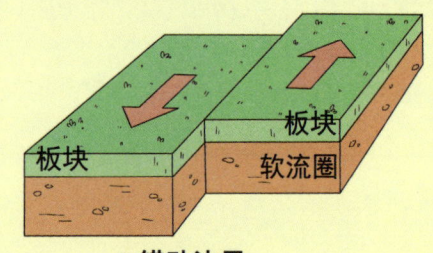

●错动边界

美国圣安德列斯大断层就是地球上最大的错动边界，也是最危险的断裂地震带。在这里，太平洋板块向西北移动，北美洲板块向西南移动，平均每年移动约3厘米。1906年旧金山7.8级大地震就发生在这条断裂层上。科学家说，在过去100多年的时间里，随着两个板块的持续移动，断层内又积聚了巨大能量，随时可能爆发更大的地震。

●美国圣安德列斯大断层

最具代表性的大陆和大陆的汇聚边界是青藏高原。有些科学家认为，如今高耸入云的喜马拉雅山在6000万年前，曾是汪洋一片，之后由于印度洋板块向北运动，前缘部分插入亚欧板块之下，而后两块大陆"迎头相撞"，发生强烈的变形，把中间的古海洋挤没了，变成了"世界屋脊"。

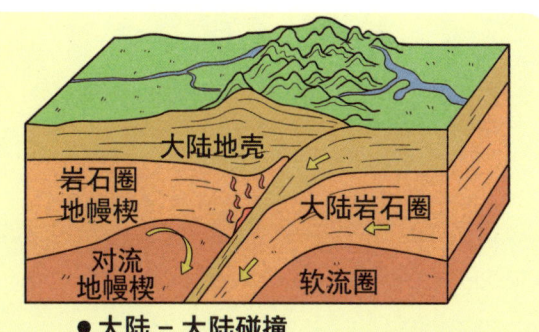

● 大陆－大陆碰撞

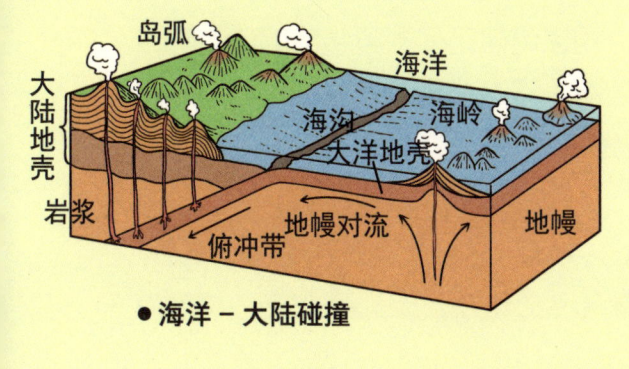

当海洋板块与大陆板块碰撞时，海洋板块的密度相对较大，它会钻到密度较小的大陆板块的下面，这种情况在地质上叫作"俯冲"或"隐没"。板块俯冲会产生一系列重要的地质现象。

例如，太平洋板块与亚欧板块碰撞后，在大陆板块一侧形成一连串的火山岛弧，像日本岛弧、马里亚纳岛弧、汤加岛弧等；而大洋板块一侧则会形成一系列海沟。例如，马里亚纳海沟、日本海沟等。

● 海洋－大陆碰撞

板块构造学说向我们展示了大陆有合有分，海洋有生有死的恢宏场面。例如，大西洋是在约2亿年前由大陆分裂而形成的，现在依然在缓慢地扩张，预计再过1亿～2亿年，大西洋将成为地球上最大的海洋，而太平洋则将消失，那时亚欧板块与美洲板块将"贴"到一起，发生强烈的碰撞、挤压，或许这两个板块之间也将形成像喜马拉雅山一样的雄伟山脉，"隔海相望"的中国和美国将变为"以山为界"的邻居。那时，中国或许也将因此失去海洋，变成一个内陆国家。

板块构造学说告诉我们，我们脚下看似"纹丝不动"的岩石圈，实际上每时每刻都在不停地运动着。就在你读这篇文章时，亚欧板块正载着你，悄悄地向东北方向移动呢，只是移动速度太慢，以至于你根本察觉不到。而正是这种极其缓慢的板块运动，日积月累，成了改造地球的强大力量。

高高的山上有条鱼

我们都知道鱼离不开水，可是如果有人告诉你，在高高的山上他发现了一条鱼，你可能以为他在开玩笑，但这是真的。

故事要从五十多年前讲起。

1964年，为了配合中国登山队攀登希夏邦马峰，国家组建了一支科学考察队，对这座山进行了科学考察。希夏邦马峰位于我国西藏聂拉木县，是喜马拉雅山脉中段的一座山峰，海拔8027米，也是地球上高度排名第14的山峰，其东南方向约120千米就是著名的珠穆朗玛峰。

考察结束后，科学家把这些鱼的碎骨化石拼到一起才发现，这条鱼身长居然有十米多。后来经过科学家鉴定发现，原来它是1.6亿年前一条鱼龙的化石，因为是在喜马拉雅山发现的，所以被命名为"喜马拉雅鱼龙"。

> 考察的过程中，地质学家在海拔4300～4800米的沉积岩中发现了很多漂亮的古生物化石，有三叶虫、鹦鹉螺、苔藓虫等，还有一些鱼的破碎头骨及颅后骨骼等化石。

鱼龙

鱼龙，别看名字里有龙，但它并不是恐龙，而是一种既像鱼又像海豚的大型海洋爬行动物。它的眼睛又大又圆，嘴巴又长又尖，长着200多颗尖锐的牙齿，习性凶猛，掠食成性。它流线型的身体非常适合游泳，时速可达40千米，堪称海洋中的"游泳健将"，凭借这些优势，鱼龙成为三叠纪海洋中的顶级猎食者，在恐龙出现之前，主宰海洋世界。

这条鱼龙之所以出现在海拔4000多米的喜马拉雅山上，不是它"爬"上去的，而是被地质构造"抬"上去的。

2亿年前的喜马拉雅山

如今的喜马拉雅山白雪皑皑、异峰突起，山麓森林茂密、郁郁葱葱。但在2亿年前，这里可是另外一番景象：既没有喜马拉雅山脉和青藏高原，也没有希夏邦马峰，而是一望无际的汪洋大海，地质学家叫它古喜马拉雅海，是古地中海的一部分，如今的大西洋和太平洋的海水，可通过它相连。

古喜马拉雅海是海洋生物的家园，硕大威猛的鱼龙在这里自由地游来游去，精巧的三叶虫、鹦鹉螺、苔藓虫等随波逐流，整片大海生机勃勃。

当时，地球上的陆地分为南、北两个超级大陆，北边的叫劳亚大陆，包括亚欧大陆和北美大陆。印度大陆当时在南半球，与澳大利亚、南极、南美和非洲四块大陆连在一起，叫冈瓦纳古大陆。两个大陆之间就是古喜马拉雅海和古地中海。

大约 1.85 亿年前，由于大陆漂移和板块构造运动，印度大陆开始脱离冈瓦纳古大陆，与澳大利亚和南极分道扬镳，并以每年约 15 厘米的速度"漂"然北上。

喜马拉雅鱼龙死去

大约 1.6 亿年前，不知道遭遇了什么变故，曾经称霸一时的鱼龙突然灭绝了，它们的遗骸沉入了海底，慢慢地被从陆地上冲来的泥沙沉积物掩埋，沉积物一层一层地堆积，越来越厚，最后达到 3000 米左右。随着温度和压力的升高，沉积物的物理和化学性质发生了改变，颗粒物慢慢被压缩到一起，松散的沉积物被压实固结，最终变成坚硬的沉积岩。地质学上把这种水中沉积的一层层的岩石叫作地层。随着时间的推移，鱼龙的软体部

●美国自然博物馆的鱼龙类化石

分分解腐烂，骨骼随着这些泥沙的固结硬化，变成了化石，并作为沉积岩的一部分，被保存在了地层中。

喜马拉雅运动

约 6000 万年前，经过数千千米的"长途跋涉"，印度板块与亚欧板块"汇合"，并迎头相撞。印度板块的密度比亚欧板块大，碰撞后，一头扎到了亚欧板块下面。两个板块相互挤压弯曲，断裂变形，喜马拉雅山就慢慢地隆升起来了，古喜马拉雅海和古地中海则慢慢地消失，几亿年的海洋历史也就此结束了。

等到距今约 300 万年时，两个板块之间又发生了一次更剧烈的造山运动，使得喜马拉雅山又被抬升了近 3000 米，达到了如今的高度。地质学上把这次造山运动称为"喜马拉雅运动"。

沧海桑田，海水一波波退去；地质变迁，高山一步步隆起。

而这条在地层中沉睡了 1.6 亿年的鱼龙，伴随着喜马拉雅山的隆升，被"抬"到了高高的山上，成了喜马拉雅山漫长地质演化历史的见证者。

未解的谜团

这条鱼龙揭秘了喜马拉雅山的变迁历史，同时也给科学家留下了一些还没有破解的谜题。因为科学家发现，约 3 亿年前，鱼龙由海洋爬到陆地，然后又由陆地回到海洋，这与生物由海洋到陆地的进化规律相矛盾。为什么会出现这样的逆反现象？它为什么要重返海洋呢？

沧桑千万载，鱼龙逐山高。一条鱼龙就可以为我们"讲述"一段关于地壳运动、海陆变迁的神奇故事，这或许就是地球科学的意义和魅力吧。

山高万仞，始自何处
——说说高山与海拔

人们说某地的高度，特别是某条山脉或某座山峰的高度时，经常用到"海拔"这个词，如珠穆朗玛峰海拔约 8848.86 米，泰山海拔约 1532.7 米等。

海拔是什么意思？我国的海拔是从哪里算起的？海拔与地球哪些物理性质有关呢？

海拔的概念

海拔是海拔高程的简称，有时也称海拔高。在地理学上，它是指地面某个地点或某个标志物高出或低于海平面的垂直距离，是某地与海平面的绝对高度差。例如，北京平均海拔 43.5 米，拉萨平均海拔 3650 米，就是指这些城市高出海平面的垂直距离。而新疆吐鲁番艾丁湖洼地海拔 -154.31 米，是指该处低于海平面 154.31 米。除海拔外，还有一个表示高度的说法，叫作相对海拔或相对高度。简单来说，相对海拔就是一个地方的海拔比另一个地方的海拔高了多少或者低了多少。例如，拉萨的海拔比北京的海拔高 3606.5 米，就是指相对海拔。

● 海拔高程与相对海拔示意图

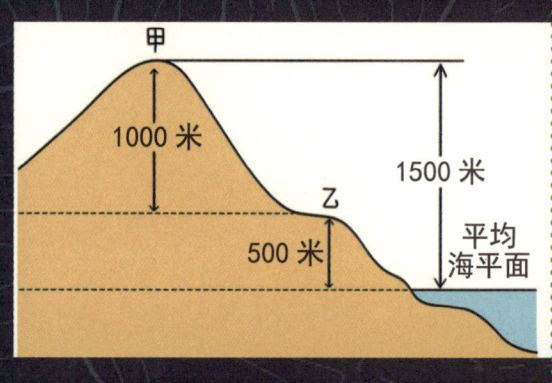

从上面的例子可以看出，海拔是以海平面为标准来计算的，海平面就相当于尺子上的刻度"0"，也就是"零点"。

🌐 海拔零点

海平面是海拔零点，又叫水准零点。全世界有统一的海拔零点吗？

理论上有，但实际上不存在，海拔零点是假想的。

在测量全球标准海平面时，要求全球的海面无波动，绝对水平和安静，这显然是不可能的。受海底地形、潮汐、风暴等的影响，海面永远不会平静。即使同一个地方的海平面，也会随着波浪涌动而不断变化。由此可见，要想找到一个全球统一的标准海平面是不可能的。

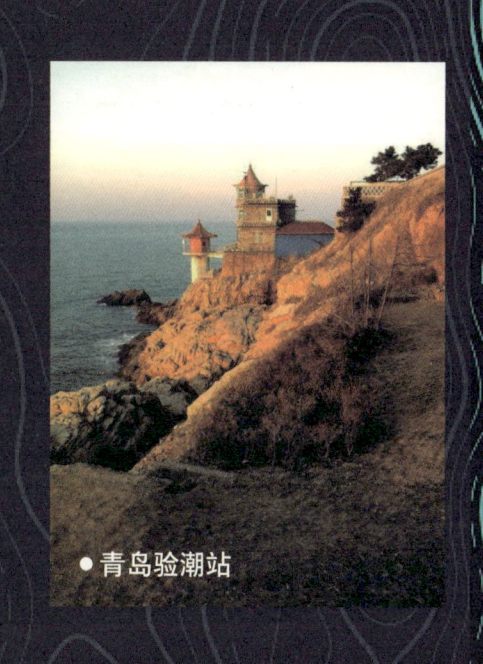

● 青岛验潮站

所以，世界各国都依据各自区域的平均海平面作为海拔零点。我国的海拔零点在黄海。1987 年，我国规定将青岛验潮站 27 年间（1952 年 1 月 1 日—1979 年 12 月 31 日）连续观测的黄海的平均海平面作为全国统一的海拔零点。

🌐 水准原点

为了长期、牢固地表示平均海平面的位置，经过精密水准测量，我国于 1954 年在青岛验潮站附近的青岛观象山设立了永久的"中华人民共和国水准原点"，这个"水准原点"比平均海平面高 72.260 米。1985 年，根据平均海平面和"水准原点"，我国建立了国家高程基准，称其为"1985 国家高程基准"。

山高万仞，始自何处——说说高山与海拔

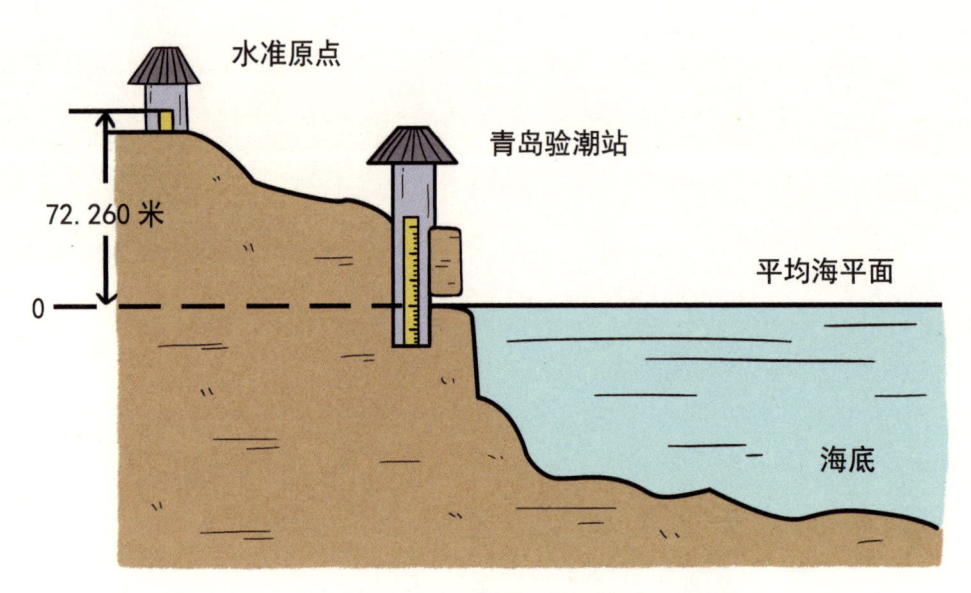

•1985 国家高程基准示意图

在我国，所有海拔测量都以黄海的平均海平面为起算点，以"水准原点"为起测点，测量结果加上"水准原点"到平均海平面的垂直距离（72.260 米），就是某地的海拔了。

例如，测量珠峰时以黄海的平均海平面为海拔零点，从"水准原点"开始，一路向西，利用卫星导航系统等技术手段，像测量楼梯台阶高度那样逐段测量，一直测到峰顶，将测量结果加上 72.260 米，就是珠峰的海拔高度，即 8848.86 米。

山高万仞，始自何处？我们的疑问，到此有了答案。

海拔，看似很简单的两个字，实际上却会引发许多与我们息息相关的物理现象。

海拔影响重量

海拔的高低会影响物体的重量。海拔越高，物体受到地球引力的作用越小，所以同一质量的物体，在不同的海拔上重量是不同的。海拔越高，重量越小；海拔越低，重量越大，例如，北京的平均海拔是43.5米，一个物体在北京的重量是60牛，到了海拔8848.86米的珠峰峰顶，就变成了59.8牛，重量小了0.2牛。

海拔与气温的关系

海拔的高低会影响气温。从地表往上约12千米的地方是大气的对流层，这里的温度主要来自地表反射的太阳热量，离地面越高，热量越少，所以气温随海拔升高而降低，海拔平均每升高100米，气温就会降低0.6摄氏度左右，珠峰峰顶的气温比同一纬度的海平面的气温低约53摄氏度。

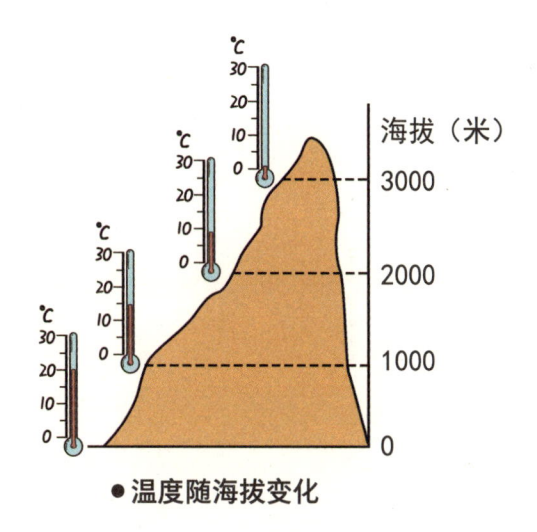

● 温度随海拔变化

● 充满空气后密封的塑料瓶在不同海拔高度的变化
（左：海拔300米，中：海拔2743米，右：海拔4267米）

海拔与气压的关系

海拔越高，地球引力能吸住的空气就越少，所以随着海拔的升高，空气会变得越来越稀薄，大气压力也会越来越小。一般海拔每升高100米，气压会下降0.67千帕。所以，当你处于四五千米的高海拔地区时，高原反应就比较明显了。即便你坐着不动，也会气喘吁吁，感觉呼吸困难、胸闷、头疼。在珠峰峰顶，空气非常稀薄，大约只有海平面的30%。

很多人认为高原反应是因为空气中缺少氧气，事实上，空气中氧气的比例并没有减少，还是21%左右。只是高原地区空气稀薄，氧气的总量少了。

与海拔有关的另一个奇特现象就是在高海拔处烧水，"沸而不开"。

在北京、上海等海拔不高的地方，这里的气压约等于1个标准大气压，水烧到100摄氏度就会沸腾，水沸腾时的温度叫作水的沸点，但水的沸点不是固定不变的，而是随着海拔高低和气压大小而变化的。

海拔（米）	0	1000	3000	5000	7000	8848.86
水的沸点（摄氏度）	100	96.9	90.3	83.3	76.7	73.5

水的沸点随着海拔的升高和气压的降低而降低，反之，则升高。一般来说，海拔每升高300米，水的沸点大约下降1摄氏度。所以，在高山上烧水，不到100摄氏度，水就沸腾了。在珠峰峰顶，只要烧到73.5摄氏度左右，水就沸腾了，这时即使你把炉火弄得再旺，水温都不会再升高了。事实上，这时的水并没有真正烧开。

所以，登山队员和地质工作者在高山上烧水时都会使用高压锅。密封的锅盖使蒸气无法逸出，锅内的气压增大，沸点升高，水就能烧开。

当然，在低于海平面的地方，如很深的矿井中，气压高于1个标准大气压，水的沸点就会升高。深度每增加1千米，沸点将会升高约3摄氏度。所以，假如你在低于海平面5千米的地方烧水，至少要将水烧到115摄氏度，水才能沸腾。

小贴士

在青岛观象山上有一座神秘的白色小石屋，石屋里有一口旱井，旱井底部放置了一颗拳头大小的黄色玛瑙球，球顶部有一个红点，上面写着"此处海拔高度72.260米"，这就是"中华人民共和国水准原点"，是中国测量海拔的唯一标准，对整个国家意义非凡，与每个人都息息相关。

知识小卡片

阿姆斯特朗极限 海平面附近气压为 1 个标准大气压，约等于 101.325 千帕，而在海拔 18900～19350 米的高空中，气压会降到 6.3 千帕，是海平面附近气压的 6.2% 左右。在这个海拔高度，由于气压过低，水的沸点会降低到接近人类体温（37 摄氏度左右）。这是人类在没有特殊防护服的情况下，可以忍受的最大高度和最低气压的极限，超过这个极限，人体内所有液体，包括血液、泪水、唾液、眼球内的水分等，都会在极短的时间内沸腾，蒸发逸失，导致肺部无法进行氧气交换而窒息。这一现象最早是由美国飞行员阿姆斯特朗发现的，所以以他的名字命名，叫作阿姆斯特朗极限或阿姆斯特朗线。

珠穆朗玛峰能"长"多高

珠穆朗玛峰（简称珠峰）耸立在中国和尼泊尔边界，是地球上的最高峰。2020年测出其最新雪面高程为8848.86米。科学家发现，最近几十年来，它的"身高"还在以每年3～5毫米的速度增长，同时以每年3厘米左右的速度向北京和长春方向移动。

我们的指甲盖一个月就能长约3毫米，珠峰还没有我们的指甲盖长得快呢。

但在地质学上，这已经是"飞速"了。因为如果按每年3～5毫米的速度增长，那就意味着200万～330万年后，珠峰会增长约1万米，到那时，它的"身高"将超过1.8万米，而对于漫长的地质历史来讲，二三百万年的时间只不过是弹指一挥间。

珠峰会这样无休止地"长高"吗？如果会，最后它能"长"多高？如果不会，那又是为什么呢？

要想知道这些问题的答案，我们首先得弄清楚地球上的山是怎么形成的。

2005年
珠峰峰顶岩石面海拔为

8844.43米

这是围绕四个高程精确计算，进行数据处理后得出的结果。

地球表面地形起伏巨大，科学家假设静止的海平面将向大陆延伸，把地球包裹起来，形成大地水准面。珠峰海拔高就是指峰顶到大地水准面的距离。

根据成因不同，地球上的山可分为褶皱山、火山和断块山三种主要类型。

火山：由火山喷发的熔岩、火山灰和岩块堆积而成的山，日本的富士山就是典型的火山喷发形成的山。

断块山：地壳岩层发生断层或破裂，造成岩层上下移动、隆起而形成的山，所以也被称为断层山。我国很多著名的山都是断块山，如泰山、黄山、庐山等。

褶皱山：由于地壳构造运动使岩层发生褶皱弯曲而形成的山，所以也称为构造山，喜马拉雅山脉、阿尔卑斯山脉等都是构造山。

珠穆朗玛峰是喜马拉雅山脉的主峰，它是约 6500 万年前，印度洋板块与欧亚板块发生碰撞、推挤，造成地壳弯曲变形，大规模隆升而形成的。地质学家把这种由板块碰撞、挤压形成山的过程，称为"造山运动"。

珠穆朗玛峰能"长"多高

地球上的山能"长"多高，它自己"说"了不算，不是它想长多高就可以长多高，而是受制于物理法则，是重力、地球内外地质作用相互协调、动态平衡的结果。

重力

地球重力是控制山"身高"最重要的因素。山体越高，质量越大，意味着山所受的引力和重力就越大，山体对底座岩石的压力也就越大。

珠峰的底座岩石主要是由变质岩和少量岩浆岩组成的。假设它长到10千米高，那么它受到的重力所产生的压力会使每平方厘米底座岩石承受的压力达到约9.8吨力，这相当于在一个手指甲盖上放一辆10吨的卡车。而每平方厘米底座岩石的最大抗压能力不到2.5吨力。所以，这些底座岩石根本支撑不住珠峰庞大"身躯"所产生的重力，它们会被压得粉碎，甚至很多岩石会熔化成岩浆，最终导致底座垮塌，整座珠峰"轰然倒塌"。

地壳与地幔密度差异

地壳与地幔的密度差异，也影响着山的"身高"。

根据阿基米德的浮力原理，任何物体在水中受到的浮力，等于物体排开水的重力，地壳和地幔也遵循这个原理。

地壳和地幔的平均密度分别是2.7克每立方厘米和4.59克每立方厘米。地壳是固态的，地幔是液态的。所以，相当于密度较小的地壳"漂浮"在密度较大的地幔上，但地壳并不是全都"漂浮"在地幔上，而是下边的一部分"沉入"地幔中，并且地壳的厚度和重力越大，"沉入"地幔中的部分就越多；反之，"沉入"地幔中的部分就越少，就像一条船，水面上有船体，水面下也有船体。

在重力和浮力的共同作用下，山会根据自身的重量自动调整高度，山越高，重量越大，"沉

山是有"根"的,并且山越高,沉入地幔中的"根"越深。这跟海洋中的冰山一样,露出来的只是"冰山一角",事实上,冰山的大部分都隐藏在海面以下。

入"地幔的山根就越深,山就会下沉,当山的重量减轻时,就会上浮。地质学家把这种现象称作"重力均衡"。

地质作用

我们常说:树大招风。对山来说,道理也一样。山越高,越容易受到风化剥蚀、水流侵蚀、冰川消融、天气吹拂等作用的影响,这样山体的重量就会减小;相应地,其产生的重力也会随之减弱,所以山会自动上浮,如同一艘轮船,往船里装货,船就会下沉;卸货时,船就会慢慢上升。

因此,在物理法则和地质作用的共同制约下,地球上的山在"长"到一定高度后,就不会一直"长"下去了。这有点像堆沙子,如果沙堆底座大小不变,将沙子堆到一定高度,就很难再往上堆了。

有的科学家认为,根据物理原理和地质作用推算,珠峰不可能一直"疯长"下去,它的"身高"极限不超过1万米,并且这也是地球上所有山的"身高"极限。

事实上,在漫长的地质演化过程中,伴随着地壳运动,珠峰总是在不停地调整自己的"身高",以维持与各种自然力量的精妙平衡,直到今天依然如此。这就是每次测量珠峰"身高"都不一样的原因。

掉到地上的小星星

2013年2月15日早上，俄罗斯车里雅宾斯克州跟往常一样，大街上车水马龙。9点22分左右，突然一颗巨大的火球划过天际，火球的后面拖着一道长长的、发着刺眼强光的"尾巴"，以约18千米每秒的速度，从天空坠落。火球在离地面20多千米的空中剧烈爆炸，随着一声惊天动地的巨响，霎时间地动山摇。人们被突如其来的爆炸声吓得惊恐万分、乱作一团。爆炸释放出的强大的冲击波，犹如"秋风卷残云"一般，造成了7000多栋建筑受损，1000多人受伤。

这不是科幻电影中的片段，而是一颗直径约17米，质量达7000～10000吨的小行星在空中爆炸的真实情景。

🌍 这颗小行星从哪里来

在太阳系中，除我们知道的八大行星外，还有无数体积和质量都比行星小得多的天体。它们和行星一样，也在自己的轨道上围绕着太阳旋转，但绝大多数都集中分布在两个带上。

一个带位于火星和木星之间，距离地球2亿～3.4亿千米。据科学家估算，这里至少聚集了约50万颗小行星，除个别小行星的直径能达到近1000千米外，绝大多数小行星都非常小，有的只有几十到几百米，甚至几米，科学家把这个带叫小行星带。

另一个带位于海王星轨道之外，距离地球40亿～70亿千米，这个带叫作柯伊伯带，是根据它的发现者——荷兰裔美国天文学家杰拉德·柯伊伯的名字命名的。天文学家估测，柯伊伯带中直径超过100千米的小行星约有10万个，像我们比较熟悉的矮行星——冥王星就在这个带里。

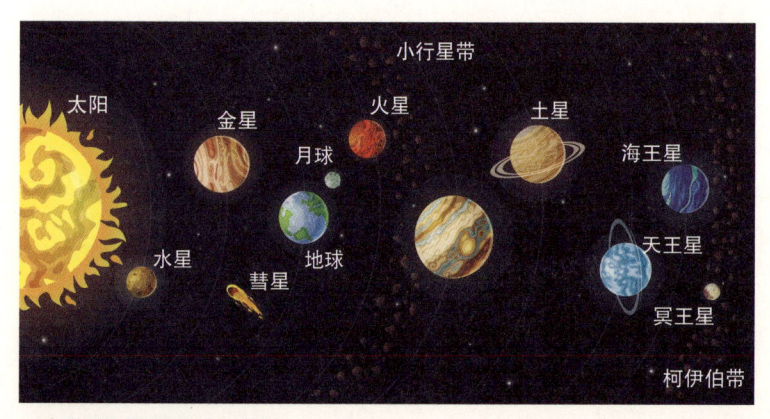

● 小行星带和柯伊伯带

小行星为什么会掉下来

平时，这些小行星都很"守规矩"，沿着各自的"跑道"井然有序地绕着太阳旋转，就像运动员在各自的跑道上比赛一样。但是，由于太阳系中行星之间的距离时刻都在发生变化，所以它们所受到的引力也随之发生变化。个别"调皮"的小行星，就变得不"守规矩"，它们乘机"捣乱"，横冲直撞，与其他小行星发生碰撞。结果，一些小行星被撞得偏离原来的轨道，"离家出走"，另一些则干脆被撞得面目全非，甚至粉身碎骨。

那些被撞得偏离轨道的小行星，受地球引力的吸引，会以4万～5万千米每小时的速度冲向地球，而且随着与地球的距离越来越近，速度也会越来越快。

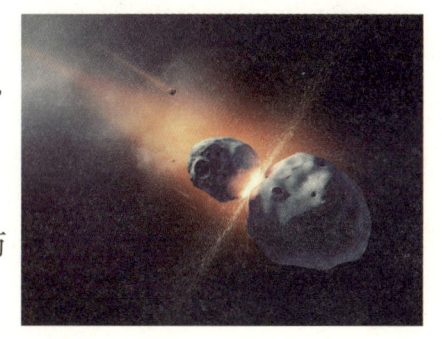

小行星为什么会在空中爆炸

当这些小行星进入地球大气层后，便会与大气发生剧烈摩擦，使它们的温度骤然升到2万摄氏度左右，进而在空中爆炸，并放出耀眼的光芒，这就是"火流星"，就像一道巨大的火龙划过天际。

大量质量小、速度快的小碎块，还没接近地面就在与大气的摩擦中燃烧殆尽，化为空中灰尘了。而少量较大的、没有燃烧完的碎块，会以极高的速度撞到地面，产生强大的冲击波，造成人员和物质的损伤。那些落到地面上的小行星残骸，就是我们今天看到的陨石。

陨石：天外来客

所以，陨石就是掉到地上的小星星碎块，而小行星带和柯伊伯带就是这些太空来客的"故乡"。

地质学家根据陨石中铁和镍含量的不同，把它们分为石陨石、石铁陨石和铁陨石三种，其中，石陨石的铁、镍含量最低，铁陨石的铁、镍含量最高。

● 石陨石、石铁陨石和铁陨石

除此之外，还有一种陨石玻璃，它不是来自太空，而是陨石撞击地表时，由巨大的冲击力和极高的温度，把撞击点附近的物质熔融后快速凝结形成的，是陨石撞击地球表面产生的"副产品"。

科学家眼中的"宝贝"

在科学家的眼里，这些造访地球的"小星星"可是非常珍贵的宝贝，因为它们和八大行星一样，都是由太阳系形成后的残余"边角料"组成的，它们的年龄与太阳系的年龄几乎相同，是太阳系诞生历史的"见证者"，它们身上保留着太阳系及地球、火星等行星形成时的秘密，科学家可以通过研究它们，追溯太阳系的起源和物质形成。

> 原来是这么回事，如果宝石商再骗人说："陨石玻璃是从天上掉下来的。"我就可以反驳他了。 小贴士

最近几年，科学家们在一种叫作碳质球粒的陨石中，检测到了氨、核酸、脂肪酸和11种氨基酸等有机物，还有微量的水。这可是一项不得了的发现，因为这些物质都是形成生命所必需的基本材料，或许可以为我们提供探索生命起源的重要线索。

现在让我们回到车里雅宾斯克州那颗小行星掉下来的地方，继续我们的故事。

随着爆炸的烟尘徐徐落下，人们也慢慢从惊慌失措中回过神来。这时，人们惊奇地发现，这颗陨石的坠落过程与以往大不一样，从剧烈爆炸到烟消云散只有短短的几分钟，而且散落到地面上的陨石也只有几百块很小的残骸碎片，有的甚至比花生米还小。

让人惊奇的是，当时许多行车记录仪都清楚地记录到，这颗陨石并不是自己在空中爆炸的，而是有一个速度比它快好几倍的神秘物体，从后面追上了它，撞击后才爆炸的。

更令人诧异的是，随着陨石的爆炸，追击陨石的物体竟然快速地消失在烟尘之中，无影无踪了。这个神秘物体到底是什么？为什么它的飞行速度是陨石的好几倍？为什么它从背后撞碎了陨石？难道有什么力量在默默地保护地球、保护人类吗？几年来，这些谜团一直在困惑着科学家们。

不过，科学家在细致地研究了陨石的飞行路线后有了新收获，原来这颗小行星可能是正面撞向地球的，由于神秘物体的撞击，才让它突然改变了方向。我们的地球才幸运地躲过了一场更大的灾难。

小行星砸到地球上会造成多大的灾难，主要取决于小行星的质量、飞行速度和方向。科学家们通过模拟计算发现，地球浓厚的大气层对陨石的飞行起到"刹车"的作用，明

显减缓了陨石的飞行速度，而剧烈的摩擦产生了高温下的燃烧，也减少了陨石的质量。速度放慢，质量减少，能量就小了。科学家推算，如果没有地球大气层的有效"阻拦"，这颗超高速度的陨石正面砸向地球所产生的威力，将相当于 30 颗广岛原子弹，对地球和人类来说，这无疑将是一场比核弹爆炸还惨烈的噩梦。

更可怕的是，在距离陨石撞击约 100 千米的地方，有一座核燃料厂，一旦撞击到它，也许会瞬间摧毁整个亚洲，甚至整个世界。

在太空中飘浮着数以亿计的小行星，其中总有一些调皮捣蛋的"家伙"，会冷不丁地离开轨道，"造访"地球。幸运的是，我们的地球有浓厚的大气层还有月球、木星等其他行星和它们的卫星的保护，不过即便如此，地球每年还是会多次遭受小行星的袭击。

科学研究表明，每年撞向地球的小行星的总质量大约为 400 万吨，只不过很多小行星都在大气层中燃烧殆尽了。一些比较大的行星，还是会给地球造成很大的灾难。例如，2020 年 12 月 23 日，一颗直径约 6.5 米，质量约 430 吨的近地小行星，以约 13.5 千米每秒的速度坠落在青海省玉树地区，幸运的是，它坠落时与地球的夹角不到 5 度，而且落在了高海拔的无人区，如果落到闹市区，后果将不堪设想。

> 小贴士
> 小行星你好，只要你足够小，不对地球造成大的危害，我们欢迎你哦。

人类有没有办法阻止这些小行星伤害地球呢？

当然有。例如，发射导弹，在太空中正面击碎小行星，或者侧面撞击，让它改变运行轨道，避开地球，就像高速行驶的汽车，稍微偏一点方向盘，就会改变行驶路线。再如，在确认小行星朝着地球飞来时，发射几颗质量比较大的卫星，利用引力引导它慢慢修正，回到原来的轨道，或避开地球，在新轨道上规规矩矩地运转。

目前那些质量较大的小行星比较容易"对付"，但是质量很小的小行星却让人束手无策，因为它们不太容易被观测到。不过，随着科学技术的发展，相信终有一天，我们总能做到。

小河为何要弯弯

我们看地图时会发现，无论是北半球的长江、黄河，还是南半球的亚马孙河、拉普拉塔河－巴拉那河，都是弯弯曲曲的。如果从空中俯瞰大地，会发现它们蜿蜒曲折，百转千回，最后流入大海或湖泊。

●航拍九曲黄河 　　●克鲁伦河

河流"走"直路不是更省劲吗？为什么它们非要转弯抹角、弯弯曲曲，"走"冤枉路呢？这主要与被称为科里奥利力的力及地质作用有关，科里奥利力简称科氏力。

> **知识小卡片**
>
> **科氏力** 地球自转时，水平运动的物体受到的一种让它改变运动方向的力。这种力是由法国数学家古斯塔夫·科里奥利在1835年发现的，所以被命名为科里奥利力，简称科氏力。

体验科氏力

回想一下坐旋转木马时的感觉，可能会帮助你加深对科氏力的理解。

想象你与好朋友在旋转木马上面对面坐着，如果木马不旋转，你把一只皮球抛给你的朋友，他（她）会很容易地接住，因为你抛出去的球做的是直线运动，"走"的是直路。但当木马逆时针旋转起来后，你再把皮球抛给你的朋友，他（她）就接不到了。

因为木马的旋转让皮球的飞行路线偏离了，变成了弯曲的线。从你的方向看过去，皮球向右偏，也就是皮球的飞行路线向右弯曲，而且皮球飞行和木马旋转的速度越快，偏离得越厉害。

如果让对面的好朋友抛球，你来接球，情况也完全一样。也就是说，只要地球在自转，北半球上所有运动的物体，其运动路线都会自动地向右偏。而南半球则正好相反，运动物体的运动路线总是向左偏。

地转偏向力

在地球科学中,科氏力往往被叫作地转偏向力。地转偏向力在北极为逆时针方向,在南极则为顺时针方向。所以,北半球的河流,不论流向哪里,地转偏向力总是使水流的方向向右偏,水在流动时形成逆时针转动的漩涡,漩涡"挖"出来的泥沙,被水流带到左岸堆积下来,因此右岸就被侵蚀、冲刷得比较厉害,右岸就变得比较陡峭,而左岸由于泥沙堆积,会变得比较平缓。所以长江沿线的码头和港口都建在右岸,因为右岸水深,便于泊船航行;左岸淤积泥沙多,水浅,不便于船体停靠。南半球的河流正好相反,左岸比较陡峭,右岸比较平缓。简单来说,北半球右偏,南半球左偏。

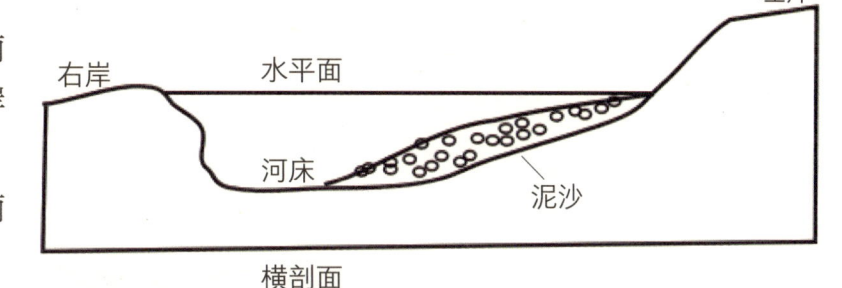

● 河岸横剖面图

河流弯曲的结果——截弯取直牛轭湖

在北半球,随着水流对右岸长年累月的冲刷和侵蚀,原本平直的河道开始变得弯曲。河道一旦弯曲,水流的离心力就会凸显,会更多地冲蚀凹岸一侧的河岸,而将泥沙由河底卷至凸岸,堆积起来,结果凹岸越来越凹,凸岸越来越凸,河流也就变得越来越弯,形成像蛇一样的"蛇曲"。

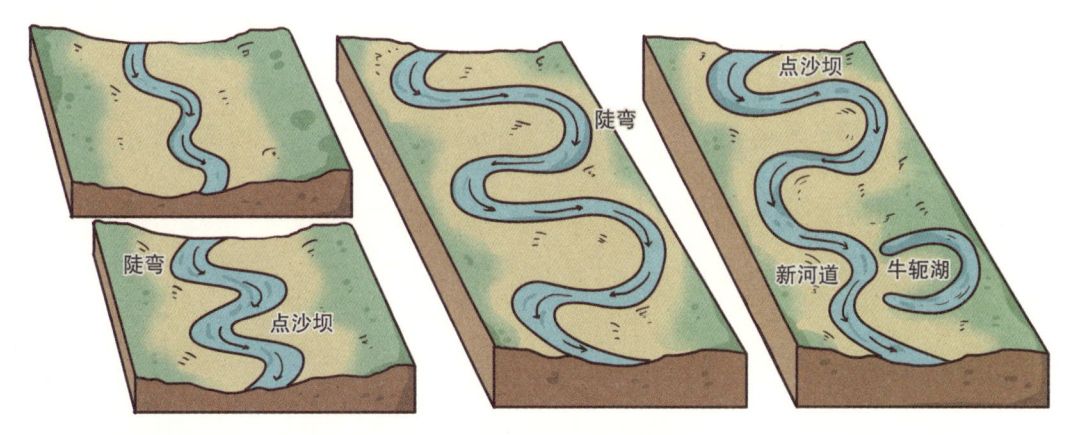

● 河流由直变曲,先形成蛇曲,再截弯取直,形成牛轭湖

"蛇曲"弯曲到一定程度,河流就会"走捷径",截弯取直,发生改道,而被"遗弃"的、弯曲的旧河道就形成了湖泊,因为这种湖泊形状酷似牛轭,所以叫作牛轭湖。

开辟新河道

人们常说:"三十年河东,三十年河西。"洪水泛滥时,强烈的洪水冲刷和大量的泥沙堆积,可能会在一夜之间让河道完全脱离原来的束缚,"另起炉灶",在几百米外"开辟"新河道。

20多年前就发生了这样一件奇葩的事情。1998年10月22日,一场超强飓风"米奇"袭击了中美洲国家洪都拉斯,在短短4天的时间内,降雨量就超过了1900毫米,相当于北京3年的总降雨量,导致乔卢特卡的河水暴涨,大量的泥沙淤积。乔卢特卡桥下正好是个弯道,所以河流不断冲刷弯道的外侧,河道内侧不断堆积从上游携带的大量泥沙。结果,乔卢特卡桥下由于大量泥沙的淤积而形成了滩涂,在另一侧形成了新的河道。

洪水过后,人们吃惊地发现,乔卢特卡桥依旧巍然屹立,但河流却"跑"到了几百米以外的地方。这事儿听起来令人难以置信,但它的的确确发生在我们的地球上。

● 洪水前的乔卢特卡桥　　　● 洪水后的乔卢特卡桥

地形地貌也会使河流弯曲

除地转偏向力外,地形地貌也会使河流弯曲。

河水在流动过程中,如果碰到高原山脉、岩体、谷地等凹凸不平的地形或者障碍物,会"山不转水转",避开障碍绕过去,这样也会导致河流"走"弯路,久而久之,河流慢慢就变得弯弯曲曲的了。

总之,地球的自转所产生的地转偏向力是导致河流弯曲的主要原因。因此,只要地球不停地自转,随着时间的推移,一条笔直的河总有一天会变成一条弯弯的河,除非它正好在赤道上。

小实验

实验人数：2人。

用具：用纸板做的圆盘、一支铅笔、一把直尺和一个图钉。

实验过程：

1. 用图钉把圆盘的中心固定在平板上，使圆盘能够转动。

2. 把直尺放在圆盘的一条直径上，用铅笔沿着直尺画一条线。因为这时圆盘没有转动，铅笔完全按照直尺的方向画线，没有受到任何干扰，所以画出的线是直线，也就是圆的直径。

3. 另一个人按照逆时针方向转动圆盘，依旧按照步骤2的方法画线，会发现画出的线不是直线，而是一条向画线方向的右侧弯曲的线；再按照顺时针方向转动圆盘，画出的线则是向左侧弯曲的线。

明明沿着直尺画直线，画出来应该是直线，为什么画出来的却是弯曲的线呢？这是由于圆盘的转动，给了铅笔尖一个模拟的科氏力，所以它的运动轨迹变成了曲线，圆盘逆时针转动时，铅笔尖的运动轨迹向右偏；圆盘顺时针转动时，铅笔尖的运动轨迹向左偏。如果把圆盘的转动比作地球的自转，就不难理解科氏力了。

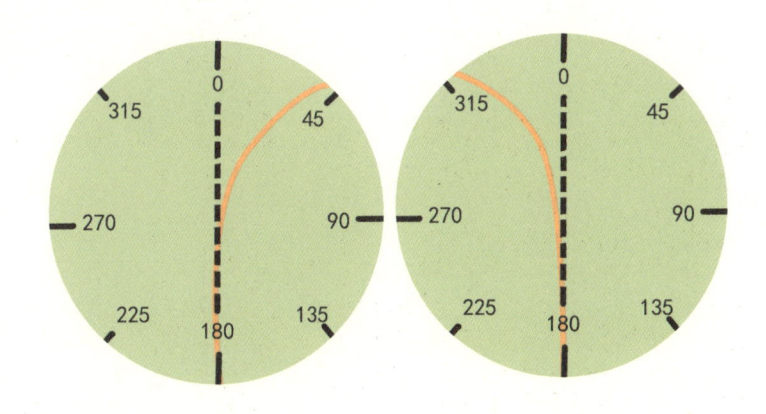

● 圆盘逆时针转动时线的轨迹向右偏　　圆盘顺时针转动时线的轨迹向左偏

灭绝谜案——6500万年前的那一天发生了什么

2.35亿年到6500万年前,也就是地质学上被称作三叠纪的中晚期到白垩纪的末期,地球上生活着一类脊椎爬行动物,它们身强力壮、四肢矫健,有着硕大的躯体和长长的尾巴。

你肯定猜出来它们是谁了,它们就是恐龙。

有科学家认为,最早的恐龙可能出现在约2.45亿年前,是由一种像蜥蜴一样的小型爬行动物演化而来的,叫作杨氏鳄,它们的身长只有30厘米左右,而且一点儿都不健壮,走起路来摇摇晃晃的,主要靠捕捉小昆虫充饥,过了很长一段时间,才慢慢演化成恐龙这种庞然大物。

恐龙"统治"陆地、海洋、天空长达1.6亿年之久,是名副其实的"巨无霸",所以那个时代也被称为"恐龙时代"。

非鸟类恐龙为什么会灭绝

令人想不通的是,除一小部分会飞的恐龙外,其他的恐龙都在6500万年前突然神秘地灭绝了。

很长时间以来,科学界对这个扑朔迷离的问题一直争论不休,有人认为是环境变化和气候变迁造成的,有人认为与大陆漂移和造山运动有关,还有人认为是地磁变化或火山爆发所致,甚至还有人说是同类相食、相互残杀造成的。

随着研究的不断深入,科学家们提出了一种新假说:6500万年前,一颗小行星撞击了地球,造成非鸟类恐龙的灭绝,而且科学家们找到了确凿的地质和物理证据,所以,这个假说得到了越来越多的支持。

到底是什么证据呢?

K-T分界层

1978年,美国地质学家沃尔特·阿尔瓦雷斯在意大利的一个深谷里考察时,发现了一层厚度只有13毫米的黏土,这层黏土正好是一个分界线,下面是白垩纪(简称K)的石灰岩,上面是第三纪(简称T)的红色土层。你可以把它们想象为下面是12月31日午夜的最后一秒,上面是新年钟声刚刚敲响的那一秒。所以在地质学上,这个黏土层被确定为白垩纪与第三纪的分界,简记为K-T分界层。

薄黏土的秘密

平日里谁也没在意这一层薄黏土的存在,然而,这里却埋藏着一个6500万年前的重大秘密。

有一种金属元素叫铱,它在地球中的含量非常稀少,仅为2/10亿至7/10亿,也就是每吨地球物质中仅有0.0002~0.0007克,而铱在小行星或彗星等宇宙天体中的含量却很高,最高可达50000/10亿。也就是说这层薄黏土里铱的含量比地球平均值高300~500倍。

● 在世界很多地方都发现了这层薄薄的黏土

这很不正常,这么多的铱不应该出现在这里,因为地球中的金属铱早在地壳形成时,就沉到地心去了,所以这层薄黏土不可能是地球正常沉积形成的。

那么这层薄黏土到底是从哪里来的呢?

答案只有一个:太空。

阿尔瓦雷斯推测这极有可能与小行星有关,也就是小行星撞击地球产生的灰尘云沉积而形成的。

接着,科学家们果真在世界上150多个地方的K-T分界层上发现了高含量的铱,这表明,情况绝不是偶然的,而是在全球范围内普遍存在的,这更加证明这层薄薄的黏土就是小行星撞击地球时留下的产物。

如果这层薄黏土真的是小行星撞击地球时形成的,那么撞击的"案发现场"在哪里呢?找不到"案发现场",等于没有证据,这一假说就不能令人信服。

希克苏鲁伯陨石坑

20世纪50年代,一家石油公司在墨西哥湾尤卡坦半岛进行石油勘探时,发现了一个直径180多千米,深3千多米的巨坑,经过多年研究,1996年,科学家最终确定它是由一颗小行星撞击地球时留下的陨石坑,而且它的形成年代恰好在6500万年前,与K-T分界层的形成时间一致。科学家普遍认为这个陨石坑就是"案发现场",并把它命名为希克苏鲁伯陨石坑。

科学家把这两件事联系到一起,推测正是这次小行星的撞击,诱发了地球气候环境的突变与食物链的破坏,造成了一场席卷全球的巨大灾难。

重现千古谜案

科学家通过计算机模拟，重现了这桩千古谜案发生时的惨烈一幕。

6500万年前的某一天，一颗直径约10千米，质量约2万亿吨的小行星，以约3万千米的时速，朝着地球疾驰而来。

当时，墨西哥湾海岸群山高耸，郁郁葱葱，恐龙们正在无忧无虑地漫步，享受美好的时光，浑然不觉一场大灾难即将到来。

在地球引力的作用下，小行星的速度越来越快，能量越来越大，冲击力也越来越强，只用了不到5秒就穿透了大气层。剧烈的摩擦产生的热量把它变成了一个熊熊燃烧的大火球，其温度接近2万摄氏度，从大西洋上空呼啸而过。

小行星以20～40千米每秒的速度，30度左右的角度，猛烈地撞击了墨西哥湾的尤卡坦，撞击处的温度高达5万摄氏度。

一场席卷整个地球的巨大灾难就此爆发。

撞击释放的能量约等于58亿颗广岛原子弹的能量，相当于每平方千米的地球表面同时引爆10多颗原子弹。

小行星和地壳岩石及海水瞬间汽化，产生的超热能量波以超音速冲向四周，把25万亿吨的碎屑和烟尘抛入大气层。在地球重力的作用下，碎屑和烟尘又重重地砸了下来，与大气高速摩擦，产生一道道火光，造成了全球性的火风暴。大火迅速吞噬了全球约70%的森林，就连空气似乎都在燃烧，大气温度飙升到1000～1200摄氏度，整个天空成

● 撞击结果想象图

为一片火海。不到 3 分钟，就毁灭了 90% 以上的恐龙。

巨大的冲击力撼动了整个地球，导致地壳板块断裂，引发了超过 13 级的强烈地震，火山猛烈集中爆发，150 多米高的超级海啸以 160 千米每小时的速度跨越大西洋，横扫全球。

数万亿吨的烟尘碎屑和火山灰喷入太空，铺天盖地，阻挡了阳光的照射，地球温度下降了 10 摄氏度左右，光合作用停止，就像推倒的多米诺骨牌一样，整个食物链都被摧毁了。没有食物，最后所有恐龙都惨遭灭绝，它们的肉体、血液化为了泥土，只有构造精巧的部分骨骼和牙齿被保存在了沉积物中，最终在地层重重的压力下和不断升高的温度中，变成了化石。

就这样，地球生物史上辉煌的"恐龙时代"终结了，地球的发展也从中生代的白垩纪进入一个崭新的时代——新生代的第三纪。

直到 70 万～ 300 万年后，地球才慢慢地从这场毁灭性的灾难中复苏。那些逃过一劫，侥幸活下来的少数会飞的恐龙及啮齿类和爬行类动物等等，承载着地球生命延续的"重任"，开启了哺乳动物的新时代，并最终演化成人类。

地球上的生物，不论是魁梧强壮，还是聪慧敏捷，终归要消亡，这也是地球上所有生物的共同命运。不过，像恐龙这样突然而又神秘的"集体式"灭绝，的确是一桩匪夷所思的事情。

> **知识小卡片**
>
> **恐龙时代** 延绵三叠纪、侏罗纪、白垩纪三个阶段。
>
> **三叠纪** 恐龙的黎明，距今2.5亿～2亿年，约持续了5000万年。食肉恐龙代表：腔骨龙、虚型龙；食草恐龙代表：板龙；水生生物代表：秀尼鱼龙。
>
> **侏罗纪** 恐龙的鼎盛时期，距今1.99亿～1.45亿年，约持续了5400万年。食肉恐龙代表：异特龙、角鼻龙、蛮龙；食草恐龙代表：腕龙、梁龙、剑龙；水生生物代表：滑齿龙、克柔龙。
>
> **白垩纪** 恐龙的衰亡时期，距今1.45亿～6500万年，约持续了8000万年。食肉恐龙代表：雷克斯暴龙（霸王龙）、特暴龙、鲨齿龙、巨兽龙、棘龙、伶盗龙（迅猛龙）；食草恐龙代表：三角龙、鸭嘴龙、甲龙、阿根廷龙、波塞东龙、潮汐龙；水生生物代表：沧龙、恐鳄。

灭绝谜案——6500万年前的那一天发生了什么

鸟的地磁导航之谜

早在1000多年前，古人就学会了利用地球磁场辨别方向，但最早使用这一方法辨别方向的却是动物们，它们很可能在几千万年前就掌握了这一妙招，其中最典型的就是那些长距离飞行后还能找到巢穴的候鸟。

例如，鸽子能从四五千米外的地方，准确回到巢穴。而北极燕鸥更是出了名的"鸟坚强"，夏天它们在北极繁衍生息，冬天去南极越冬，等南半球的冬季来临时，又返回北极，每年穿梭于两极之间，从地球一头飞到另一头，来回行程达4万千米。

我们去户外探险时，一般会带上地图和指南针，以免迷路。可是像鸽子和北极燕鸥这些鸟类并没有这些"装备"，它们为什么能够飞越千山万水，准确地抵达目的地，而不会迷路呢？

●鸽子  　　　　●北极燕欧

🌐 鸟儿为什么不会迷路

这个问题困惑了科学家许多年。

最初科学家认为，和人类没有发明指南针前一样，这些鸟凭着视觉、听觉等，靠太阳和星辰辨别方向，或者以途经的山脉、海岸、河流、森林和荒漠等地形、地貌特征为标记，来选择飞行方向和路线，完成定向飞行或迁徙。

如果仅仅在陆地上空飞行，这些标记当然可以被记录并储存在鸟的脑海里，作为"导航"标志。但是如果在海天一色、无边无垠的海洋上空，它们又是用什么来做标记的呢？如果没有明显的地形、地貌标志，候鸟不可能每年都沿着固定的路线长途飞行。因此，科学家猜测，这些鸟的身上一定还隐藏着没有被发现的秘密。

鸟儿自带地磁感应系统

经过科学家几十年的不懈实验和研究,这种猜测终于在20世纪70年代得到了验证。

原来,这些鸟类的身体内自带一套完善的"地磁感应系统",能感知地球磁场的细微变化,凭借这个"地磁感应系统",它们能记录路途中每一个特殊位置的磁场方向、磁场强度、磁偏角和磁倾角等特征,然后根据这些特征确定方向和飞行路线。这说明,除我们常说的视觉、听觉、嗅觉、触觉、味觉以外,它们很可能还具有"第六感"——"磁觉",即利用地球磁场导航的能力。

验证实验

当把鸽子装在封闭而且黑暗的笼子里,运到一个完全陌生的地点放飞后,它们能顺利找到方向,返回巢中。这说明,虽然鸽子一路上没有看到任何路标,但也能凭借对磁场变化的感知,确定归巢的方向。当在运输鸽子的过程中增加电磁干扰,扰乱原来的地磁场后,成年鸽子根据以往印在脑海里的"磁地图",依然能够确定巢穴的方位,顺利归巢;而那些从来没有飞过这条路径的幼鸽,则找不着回家的路。

当鸽子靠近高压电线、无线电台等干扰磁场的区域飞行时,就会发生"磁感应障碍",瞬间变成"路痴",而一旦离开这些区域后,一切又都恢复了正常。

事实上,地球表面的磁场强度是十分微弱的,赤道上0.3~0.4高斯,即便两极略强一些,也只有0.6~0.7高斯,仅为手机通话时磁场强度的1%~2.5%,这么微弱的地球磁场,人类根本感觉不到,那鸟类是通过什么方式感知到的呢?

> 高斯是一个物理学名词,为纪念德国物理学家、数学家高斯而命名的、表示磁感应强度的一个单位,简称高。
>
> 小贴士

磁铁矿造成的磁感知

通过实验和研究,科学家提出两种可能。

一些科学家认为可能是磁铁矿造成的磁感知,因为在这些鸟类的大脑里,或喙部、眼睛、鼻子,甚至内耳的细胞中发现了微小的磁铁矿晶体颗粒,这种磁铁矿晶体颗粒非常细小,直径只有1~2微米,是我们头发直径的1/40~1/60。磁铁矿是一种强磁性矿物,只要被地球磁场微弱磁化后,它们就会沿着地球磁场的磁力线方向整齐排列,并随地球磁场方向和强度的变化而改变。

正是通过神秘的磁铁矿晶体颗粒，鸟可以实时、敏锐地感知途经位置的地磁场性质和地磁场强度的细微变化，把沿途所有地点的地磁场强度看作路标，当它们飞掠或停留时，就会把这些地磁场信息保存在大脑里，并把路标、距离、方向等信息组合在一起，形成一张"磁地图"，再加上视觉、听觉、嗅觉等感知到的地形、地貌信息，拼合成一张完整的"导航图"。

鸟的感知与光波长度有关

不过科学家在接下来的实验中又发现了一些奇怪而有趣的现象。

例如，在对知更鸟的测试中发现，它们的磁感应能力竟然受光的影响，在白光、蓝光、绿光下，磁感应能力较为准确，而在红光下就大大减弱。白光、蓝光、绿光的波长和红光不一样，也就是说，只有在一定波段的光波下，鸟类才能感知到地磁场。

磁铁矿晶体颗粒与光波的长短应该没什么关系，为什么只有在一定的光波下，鸟才能感知地磁场呢？难道除通过磁铁矿晶体颗粒感知外，鸟还有别的磁感应方式？

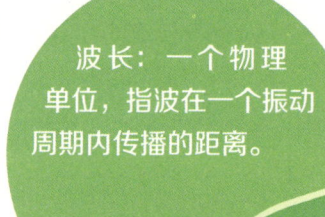

> **波长**：一个物理单位，指波在一个振动周期内传播的距离。
>
> 小贴士

化学磁感应

最近，这个问题也有了初步答案。

科学家们在鸟眼睛的视网膜中，发现了一种色素蛋白细胞。这种蛋白细胞既能感光，又能感磁，在特定波长的光的刺激下，鸟能通过这种"感光蛋白"第一时间"看到"地磁场，并将其转化成电信号，然后由神经细胞传递到大脑中，最后决定往哪里飞。科学家把这种由光－磁相互作用而感知地磁的原理称为"化学磁感应"。

大千世界，万物皆有理。目前我们所知道的可能只是冰山一角。例如，地磁场很复杂，从赤道到两极，磁场强度、磁极、磁偏角、磁倾角都是不断变化的，有的地方还会出现地磁异常现象，鸟是怎么侦测到这些微妙变化的？它们的"感应器"与地磁场之间到底有什么关系？两套"感应器"是各自独立运行，还是协同运行的？它们在穿越赤道时，又是怎样调整或转换"感应器"的？

鸟的地磁导航之谜

地球"发脾气"了
——火山爆发

你是否在电视上看到过火山爆发的画面？火山爆发时，一片火海，地动山摇，滚烫的熔浆喷涌而出，黑压压的火山灰直冲云霄，场面十分震撼。实际上，火山爆发和刮风、下雨、闪电、打雷一样，也是地球上一种正常的自然现象，是地球为了释放内部的能量，偶尔发的一次"小脾气"，等这些能量释放完了，它也就暂时安静了。

地质学家在地球上发现的活火山大约有1500座，每年不同规模的火山爆发约1000次，大多数都发生在4000～5000米的深海里，所以我们没有看到。

火山爆发喷出来的有岩浆、火山灰等火山碎屑物，还有水蒸气、二氧化硫、二氧化碳等气体，它们原来都在我们脚下几千米到十几千米，甚至上百千米以下的地球深部，那它们是怎么跑到地表上，并且爆发的呢？

火山从形成到爆发的过程不是一蹴而就的，需要一系列漫长且复杂的物理和化学过程及合适的地质条件，影响火山爆发的因素有很多，最关键的是要有足够高的温度和足够大的压力。

要弄明白这个问题，我们首先得从地球的内部结构和物质组成说起。

🌏 地球的内部结构

我们知道，地球是一个分"圈层"的星球，从表层到地心，分别为地壳、地幔和地核。我们常把地壳比作蛋壳，但地壳与蛋壳不同，蛋壳的厚薄比较均匀，地壳的厚薄却差别很大。例如，在我国的青藏高原等高山地区，地壳的厚度可达70～100千米，而海洋洋底的地壳则不到10千米，特别是在最深的马里亚纳海沟，厚度只有2～3千米。

在地壳下部，地幔的上部，也就是我们脚下60～250千米处，还有一个特殊的圈层，这里的温度高达1300摄氏度左右，压力约3万个大气压。

1300摄氏度有多高？3万个大气压有多大呢？我们举一个日常生活中的例子，一比较就知道了。

家里用的高压锅，在沸腾喷气时，温度约为 120 摄氏度，压力约为 1.7 个大气压。也就是说，这个特殊圈层的温度至少是高压锅沸腾时温度的 10 倍，而压力则是 1.7 万倍。

在这样的温度和压力下，这里的固态岩石变成了熔融状态的黏稠的岩浆，就像烧热了的沥青一样，能够缓慢地流动，所以地质学家给这个特殊的圈层起了个很形象的名字——软流圈。

别看软流圈的平均厚度只有约 200 千米，与地球 6371 千米的半径相比似乎微不足道，但在地质上却非常重要，火山喷出的岩浆就来自这里。

岩浆为什么会喷出来？

这是因为软流圈里的炽热岩浆的密度比周围的固体岩石密度低，在密度差的驱使和压力的作用下，这些岩浆自然要往上面拱，但是地壳却像一个大盖子，把它死死地盖住，不让它往上拱，所以它只能"憋"在那里。可是地壳不是一块铁板，在板块边缘、板块相互碰撞或地壳破裂和不结实的地方，这些岩浆就会在巨大的压力下喷涌而出，形成蔚为壮观的火山爆发现象。

火山和地震就像一对"孪生兄弟"

为什么地球上有的地方总是接二连三地出现火山爆发，而另外一些地方却一直寂然无声呢？

这是因为地球上的火山分布很不均匀，但都与地壳运动密切相关。绝大多数火山位于构造板块的边界或者附近，集中在环绕太平洋的东、西两岸（也被称为"地球上的火链"）和大洋中间的裂谷带，每年有 80%～90% 的火山爆发发生在这两个带上，另外一部分则发生在东非的大裂谷和地中海地区，少数是由大陆板块内部的热导致的，就跟地球生的"脓疖子"一样。

不管火山爆发发生在哪里，它们都有一个明显特点，就是与全球的地震分布几乎完全一致。火山和地震就像一对"孪生兄弟"，难舍难分，形影不离。所以，火山爆发可以引发地震，同样，地震也可以诱发火山爆发。例如，1960 年 5 月，智利发生 9.5 级特大地震，就导致 6 座死火山重新喷发，并形成 3 座新火山。

如果说岩浆是地球的"血液"，那么火山就是地球"发脾气"的窗口。

火山爆发是地球物质运动的一种自然的表现形式，是内部能量正常的"宣泄"途径，而热量、压力和地壳运动是地球上火山爆发的主要动力源泉，一旦没有这些力量，不仅火山会"熄灭"，整个地球也很可能变为一个死寂荒凉的星球。

这些火山真奇特

说起火山，我们的第一印象是红彤彤的岩浆、黑乎乎的浓烟、铺天盖地的火山灰和滚滚的火山碎屑流，这些都是火山爆发时常见的景象。不可思议的是，在我们的地球上，还有一些各式各样的奇特火山，它们足以颠覆我们的认知。

🌏 喷冰块的火山

冰岛有一座格里姆斯维特火山，有一次它喷出来的不是滚烫的岩浆和火山灰，而是透明、洁净的冰块。这次爆发持续了十多天，每秒喷出的冰块约 420 立方米，在最猛烈时可达 2000 多立方米。据统计，这次爆发喷出的冰块约有 1.3 万立方千米。

这些冰并非来自地下深处，而是来自覆盖在火山上的冰层。因为冰岛地处高纬度的北极地区，气候寒冷，一年中大多数时间都处于冰天雪地的状态，火山顶上也覆盖着很厚的冰层，所以火山爆发时，把覆盖在其上面的厚冰层也喷起来了。

🌏 喷蓝色火焰的火山

2014 年 1 月，印度尼西亚的卡瓦伊真火山爆发，它在喷出岩浆的同时，还喷出了大量的二氧化硫和硫化氢气体。这些气体在空气中被点燃，呈现出蓝色的火焰，浮在岩浆上面，和岩浆一起流动，形成了一片蓝色的"海洋"。

● 印度尼西亚的卡瓦伊真火山

🌏 侏儒火山

在意大利弗利省雷多奇奥村附近有一座火山，名字叫布斯卡，它的"身高"只有 1.2 米，是地球上当之无愧的"侏儒"火山。近百年来，无论风和日丽，还是刮风下雨，它从没熄灭过。它不仅不会带来任何危险，而且成了"露天厨房"，人们用它烤肉、煮鸡蛋等。现在，布斯卡已经成了当地的网红打卡点，来此一睹这个"小可爱"真容的游客络绎不绝。

不过严格来讲，布斯卡并不是由岩浆活动导致的火山，而是因为地下深处有一个天然气的排气口，排气口排出的天然气与氧气接触，发生燃烧，形成了奇特的景象。在地质上，这种现象也被称为"火焰喷泉"。

喷金子的火山

还有一座火山更与众不同，它不但往外喷岩浆，还喷"金银财宝"。它就是位于意大利西西里岛的埃特纳火山，是欧洲最高大、最活跃的火山。它活跃时每天喷出的物质中含有约 2.4 千克的金和 9 千克的银。

不过基于现在的技术，还无法回收这些"金银财宝"。

●正在喷发的埃特纳火山

喷泥的火山

如果你觉得以上这些火山还不够奇特的话，那么，喷泥的火山一定会让你大开眼界。这种火山有个专业的名字——泥火山。

泥火山是泥浆和甲烷、二氧化碳等气体同时喷出地面后堆积而成的。喷出口就像一口大泥锅（或者说泥塘），黏稠的泥浆就像开锅了的大米粥，咕嘟咕嘟不停地冒泡、翻滚、沸腾，有时还冷不丁地蹿出一股小火苗。

不过泥火山属于温柔的火山，因为它一点也不烫，当你把手指放到泥浆里时，还会感到一丝凉意，所以又被称为"凉火山"。

●阿塞拜疆泥火山

> **小贴士**
> 火山学家认为目前世界上至少有 7 座火山处于喷发状态，分别是刚果的尼亚穆拉吉拉火山和尼拉贡戈火山、意大利的埃特纳火山和斯特隆布利火山、美国夏威夷的基拉韦厄火山、智利的普耶韦-考登-加里火山以及西班牙的加那利群岛的海底火山。

这些火山真奇特

会走的泥火山

目前地球上已发现的泥火山估计有几百座，其中有一座肯定会让你目瞪口呆，因为它居然会"走"。

这座会"走"的泥火山位于美国加利福尼亚州因皮里尔县，1953 年被发现，此后它就一直老老实实地待在原地，安静、低调，没有人把它当回事。

可是 2018 年，人们惊讶地发现，这座性情一向温和的泥火山居然以龟速在"走"，当地人把它叫作"慢速一号"。人们通过对比以往资料发现，早在十年前，它就偷偷"开溜"了，只是没有人注意到，等发现时，它已经悄悄地"溜"了 55 米。更让人始料未及的是，当事情"败露"后，这个小家伙"走"得似乎更快了，其中有一天居然"走"了 18 米。

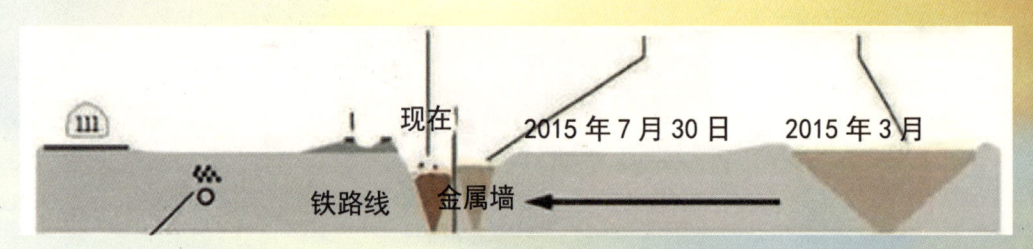

● 2015 年 3 月到 7 月 30 日的泥火山，现在已越过金属墙，逼近铁路

"慢速一号"的这波"神操作"让人猝不及防，且焦急万分，因为在它必经之路上，铺有一条货运铁路和石油管道，还有一条光缆。由于地下压力很大，"慢速一号"在"走"的过程中，会不停地喷出烂泥、天然气和水，如果不把它引开，这些设施肯定会遭到破坏。

为了"管教"这个不安分的"捣蛋鬼"，人们先在它旁边挖了一口深井，想通过排水减压，释放气体的方式，让它"消消气"，安静下来，但没想到由于地下压力太大，这个方法根本不管用，它依然我行我素，继续前进。

后来人们采用"围追堵截"的战略，建造了一个 30 米长、22 米深的金属墙围住它。但无济于事，"慢速一号"仍然冲破"牢笼"，轻松地从地下绕过了巨墙，不紧不慢地逼近铁路，无奈之下，人们只好为铁路架起高架桥，这才躲过一劫。

科学家一直在研究这座小小的泥火山为什么会如此奇特，也知道它的这波"操作"一定与地质构造和地下热液或气体活动有关，但其中的物理和化学原理，直到目前还是未解之谜。

这些火山真奇特

奇妙的矿物——热电转换器

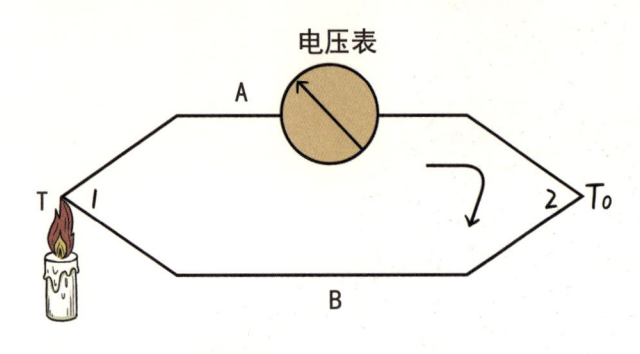

●塞贝克物理实验示意图

1821年，德国科学家塞贝克做了一个物理实验，他把两种不同的金属导线首尾相接成闭合环形。当加热其中一个连接点，而不加热另一个连接点时，发现两种金属导线中竟然有电流产生，这说明如果某种金属导线存在温度差，就可以把热能转换成电能。

1834年，法国科学家帕尔帖做了一个与塞贝克正好相反的实验。他同样把两种不同的金属导线首尾相接成闭合环形，然后给环形金属导线通电，结果发现两种金属导线连接点的温度发生了变化，其中一个连接点的温度升高了，另一个连接点的温度降低了。这说明在一定条件下，金属导线也可以把电能转换成热能。

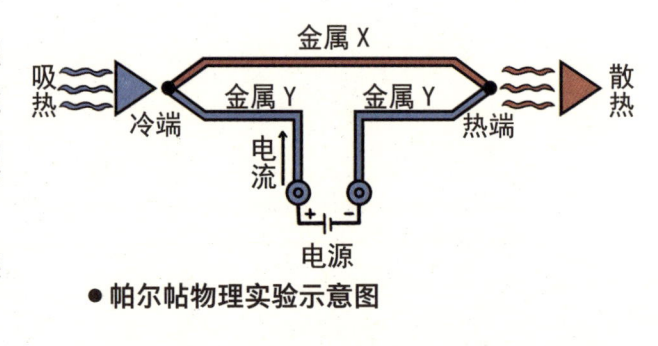

●帕尔帖物理实验示意图

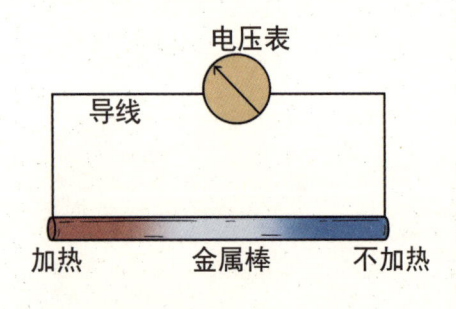

●汤姆逊实验示意图

1856年，英国科学家汤姆逊在前面两位科学家实验的基础上又做了一个新的实验。他没有用两种不同的金属导线，而是把一根金属棒的一端加热，另一端不加热。出乎意料的是，在金属棒两端同样测到了电压。这证明要想把热能转换成电能，只用一种金属材料就可以，不过，温度差是必需的。也就是说，当一种金属导线的一端温度高，而另一端温度低时，导线中就会产生电流。

温差热电效应

后来，科学家把这种由于金属导线两端温度不同而产生电的现象叫作温差热电效应。

上述温差热电效应中，热和电之间的相互转换，不同于火力发电厂通过烧煤把热能转换成电能，而是利用能导电的材料，通过使两端产生温度差，达到热能和电能互相转换的目的。

这种热电转换器必须使用金属材料制作吗？有没有可以替代的材料？如果有，会产生同样的效果吗？热和电之间的转换有哪些实际意义呢？一百多年来，围绕这些问题，科学家做了大量的实验研究，终于取得了一些进展。

很多材料都能进行热电转换

能够实现热电转换的材料除了能够导电的金属，还有很多材料。这些材料的导电能力虽然不比金属强，但也能使热能和电能相互转换，这种材料被称为半导体。理论上，绝大多数导体和半导体材料都可以用来实现热电转换，因此把能够进行热电转换的导体或半导体材料叫作热电材料。

> **小贴士**
> 自然界固体材料按照导电能力的强弱可分为三种：导体、半导体和绝缘体。其中，导体是指导电能力很强的材料，如铁锤、自行车辐条、金戒指等；半导体是指导电能力比导体差，但是仍然能够导电的材料，如计算机芯片等；绝缘体是指几乎不能导电的材料，如大理石砖、玻璃瓶和陶瓷杯等。

电池效应

需要说明的是，当把热电材料的一端加热（称为热端），而使其另一端保持低温（称为冷端）时，该材料在把热能转换成电能的同时，其热端和冷端也变成了电流的正极（或负极）和负极（或正极）。因为这样形成的正、负极和我们生活中使用的电池的正、负极一样，所以科学家把这种现象称为电池效应。

热电材料不同，其热端和冷端变成的正、负极也不同。另外，对于不同材料，热端和冷端之间的温差大小不同，产生的电流大小也不同。热电材料在热电转换过程中表现出的这些不同特性已被应用于生产和生活的各个方面。

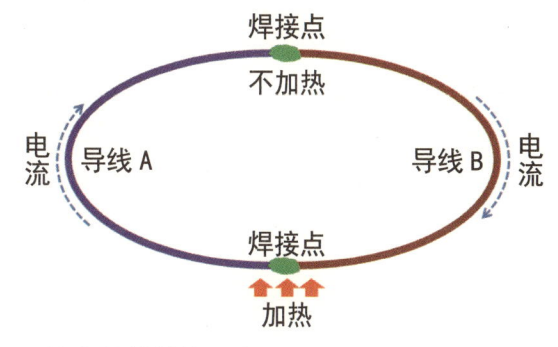

● 热电材料模拟示意图

奇妙的矿物——热电转换器

通过温差热电效应寻找金矿

矿石中的金非常细小,肉眼通常难以看到,因此寻找金矿非常困难。但地质学家发现金常常和一种叫作黄铁矿的矿物生长在一起,它们是要好的"朋友",而且黄铁矿颗粒通常比较粗大,容易被人们发现,所以可以通过寻找黄铁矿来达到寻找金矿的目的。黄铁矿是典型的半导体材料,能产生温差热电效应,能够很好地把热能和电能相互转换,而且与金生长在一起的黄铁矿和不与金生长在一起的黄铁矿,其温差热电效应完全不同。例如,有些黄铁矿颗粒,当其一端被加热而另一端保持低温时,其热端表现为正极,冷端表现为负极;而另一些黄铁矿颗粒则相反,其热端表现为负极,冷端表现为正极。当然,不同的黄铁矿颗粒出现温差热电效应时,所产生的电流大小也明显不同。

● 黄铁矿集合体

很多情况下，当地表的黄铁矿颗粒一端被加热，其热端变为电流的负极时，地下很可能存在金矿资源；相反，当地表出现的黄铁矿颗粒一端被加热，其热端变为电流的正极时，地下存在金矿资源的可能性很小。黄铁矿具有的特殊的温差热电效应，为人们寻找金矿资源提供了线索。现在通过黄铁矿的温差热电效应来判断其是否与金生长在一起，已经成为寻找金矿资源的方法之一。

自然界中还有很多矿物，如黄铜矿、锡石、磁铁矿、石墨等，也是天然的半导体材料，它们与黄铁矿一样，都是良好的天然热电转换器。

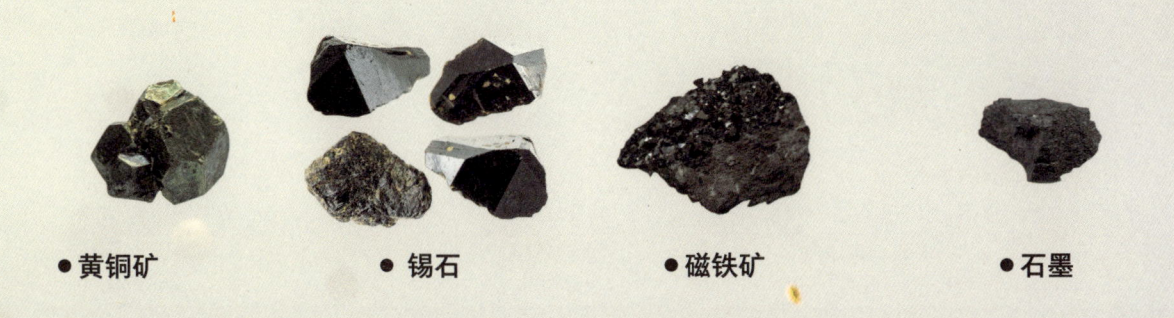

● 黄铜矿　　● 锡石　　● 磁铁矿　　● 石墨

矿物颜色万花筒

在地质馆或博物馆里,我们能看到各种五颜六色的矿物,它们有的晶莹剔透,色泽艳丽;有的黯淡无光、昏暗浑浊;有些矿物像变色龙一样有千变万化的"肤色";而另一些矿物,却有相同或相近的"肤色"。

自然光是由多种颜色的光组成的，它们均匀混合在一起，就显示为白光，也就是我们常说的可见光。当可见光（太阳光），照射到矿物表面后，矿物会选择性地吸收一些特定颜色的光，这时矿物就会呈现出一定的颜色。

颜色是矿物最直观的物理特性之一，地质学家根据矿物的颜色和其他外形特征，能将矿物的种类辨认得八九不离十，有些矿物甚至就是根据其颜色被命名的。

磁铁矿，黑色，也叫黑矿。

用来炼铁

赤铁矿，红色，也叫红矿。

用来炼铜

因是黄色，所以叫黄铜矿。

矿物颜色万花筒

地质学家通常按不同的成因，把矿物的颜色分为自色、他色和假色。

🜨 矿物的自色

自色，顾名思义就是矿物自身所固有的颜色。对一种矿物来说，自色是比较固定的，这能帮助地质学家鉴定和识别它们。例如，蓝铜矿始终呈现蓝色，孔雀石始终呈现翠绿色；橄榄石的晶体中因为含有镁和铁而始终呈现橄榄绿色，并且色调的深浅随含铁量的多少而变化，含铁量越高，绿色就越深。

蓝铜矿

孔雀石

橄榄石

🜨 矿物的他色

有些矿物的生长环境"不卫生"，在它们"生长发育"的过程中会有一些微量杂质"趁机混入"，虽然含量很少，但会改变或影响矿物的颜色，这种因为含外来杂质而呈现的颜色叫矿物的他色。

他色不是矿物自身固有的颜色，所以一般不能作为鉴定矿物的依据。一些矿物的他色变化很大，就是由于混入了不同的杂质。比如，红宝石、蓝宝石，虽然它们的化学成分都是氧化铝，但由于它们的晶体中混入了不同的金属元素，所以形成了迥然不同的颜色：红宝石中有杂质铬，所以呈现鲜红色；蓝宝石中有杂质铁和钛，所以呈现蓝色。

矿物的他色千变万化，最典型的例子是石英。石英的化学成分是二氧化硅，纯净的石英晶体本来是白色或无色、透明或半透明的，如果混入不同的杂质，它的颜色就变了。混入铁和锰时，就形成了妖艳的紫水晶；混入放射性元素镭时，就形成像茶色玻璃一样的烟水晶；混入金属钛时，就形成像芙蓉花一般娇嫩艳丽的粉水晶；混入镁铁化合物时，就形成绿水晶；混入氧化铁时，就形成黄水晶；而混入少量碳质或黑色杂质时就形成黑水晶，也就是墨晶；等等。

纯净的石英 　　烟水晶 　　粉水晶 　　紫水晶 　　绿水晶 　　黄水晶 　　黑水晶（墨晶）

矿物的假色

矿物的假色指的是自然光照射在矿物表面，或进入矿物内部所产生的干涉、散射等引起的颜色，也就是由物理光学效应引起的颜色，所以假色是假的，不是真的。

假色主要包括锖（qiāng）色、晕色和变彩三种。

第一种是锖色，这种假色比较少见，只在少数金属矿物上出现。例如，斑铜矿表面呈现出的蓝紫斑驳的颜色，是由于金属矿物暴露在空气中，因氧化而形成的氧化膜造成了光的干涉，从而显示出一种特殊的颜色，看起来就像生锈了似的。锖色可以用小刀刮掉，有时在老旧铜制品表面上也能看到锖色。

第二种是晕色，主要出现在白云母、冰洲石和石膏等一些无色透明的矿物上，当光线在一些有裂隙的面上发生连续反射或干涉时，这些矿物表面就呈现出像彩虹一样的彩色条纹。

第三种是变彩，是最漂亮的假色，指矿物中不均匀的蓝、绿、黄、红色等随着观察角度的不同而闪烁、变换，最典型的是蛋白石表面呈现出的变彩。

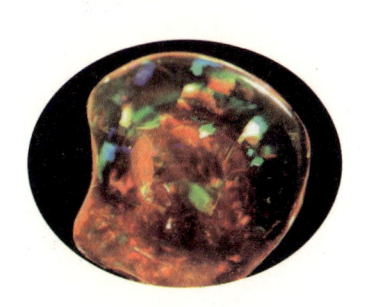

蛋白石就是宝石上所说的欧泊，它的化学成分和石英一样，都是二氧化硅，只不过它内部含有一部分水。蛋白石本身呈现的是纯净的白色，在太阳光或灯光的照射下，从不同角度看它时，它会显现出不同的颜色，变得绚丽夺目、熠熠闪光，简直就像披上了一件七彩霞衣，给人一种眼花缭乱、变幻莫测的感觉。

老旧铜制品　　　　蛋白石

矿物颜色万花筒

人类对矿物颜色的应用

人类对矿物颜色的应用历史悠久。早在新石器时代，也就是约15000年前，古人就开始利用天然的矿物做颜料，创作壁画、烧制彩陶、绘画等，用原始而粗犷的方式记录下当时的天文、地理等自然现象，表达着对美好生活的向往。他们所用的颜料都直接取材于大自然，全是由天然矿物一点一点研磨而成的，如红色的赤铁矿、氧化锰和朱砂，黄色的雄黄和雌黄，绿色的空青（孔雀石），蓝色的石青（蓝铜矿），白色的胡粉（碳酸铅），黑色的炭黑等。

我国古人用矿物颜料创造的文化遗产数不胜数，如7000～5000年前的仰韶陶器，2300多年前的殷墟彩陶，2000多年前的河南龙门石窟雕像，1600多年前的敦煌莫高窟壁画和大同云冈石窟雕像，还有数不清的绘画作品，等等。

天然的矿物颜料可以千年永固，永不褪色。正因为如此，这些绚丽的画卷才能在经历几千年的风风雨雨后，依旧色彩艳丽、璀璨如初。

五彩缤纷、璀璨夺目的矿物让人类的生活更加丰富多彩，然而地球上的每一颗矿物晶体的生长都极其缓慢，一般都要经历几万年甚至千百万年的千锤百炼才能"长大成人"，而真正能"发育"成宝石的晶体凤毛麟角。所以我们要善待它们，爱惜它们。

- 大同云冈石窟雕像
- 敦煌莫高窟壁画
- 仰韶陶器
- 河南洛阳龙门石窟雕像

花瓣纹彩陶钵　白衣彩陶钵

矿物颜色万花筒　121

金刚石是怎么"炼"成的

● 金刚石是钻石的原石

● 山东蒙阴金刚石
收藏于山东省地质博物馆

金刚石原石

石墨原石

金刚石中的碳原子是紧密、稳定的正四面体网状结构,所以坚如磐石;

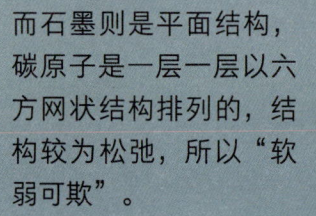

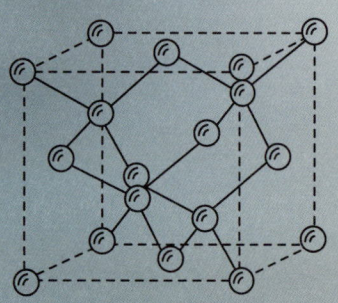

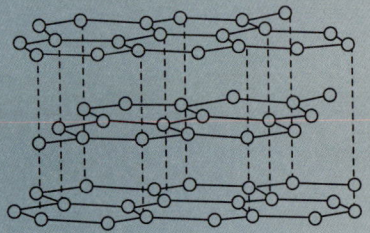

而石墨则是平面结构,碳原子是一层一层以六方网状结构排列的,结构较为松弛,所以"软弱可欺"。

从前，我国民间有一些肩挑担子、走街串巷的手艺人，他们在破损的陶瓷器皿上钻孔，然后用像订书钉一样的金属"锔子"，把陶瓷碎片连在一起，老百姓把这种工艺称为锔瓷。锔瓷很坚硬，只有金刚钻才能在它们身上钻洞，没有金刚钻，这活儿就干不成。于是民间就有了那句老话：没有金刚钻，别揽瓷器活儿。

● 锔好的瓷器

金刚石，俗称金刚钻，是自然界中一种非常罕见的矿物。将金刚石进行切削打磨，可以制成人见人爱、晶莹剔透的钻石。

金刚石是地球上最坚硬的天然物质，没有之一，所以被誉为"硬度之王"。玻璃的相对硬度是7级，削铅笔的小刀相对硬度是5级，而金刚石的相对硬度是最高级10级。

正因为这种特殊的物理性质，使得金刚石可以做到：攻，无坚不摧；守，安如磐石。用金刚石几乎能刻画或磨损世界上的任何东西，但目前没有什么东西能刻画或磨损它。所以，它能够在工业中"大显身手"，如切割零件、玻璃，地质钻探及陶瓷研磨等。别人啃不动的"硬骨头"，对金刚石来说，是"老虎吃豆芽——小菜一碟"。

硬度是矿物的重要物理性质和鉴定标志之一，指的是矿物抵抗外物的能力。矿物学中一般是指摩氏硬度，是由奥地利矿物学家Fried Mohs于1812年提出的，他选取10种矿物来衡量矿物的硬度，由软至硬分为十级。其他矿物可以和这10种矿物比较，以表示它们的硬度。

1	滑石
2	石膏
3	方解石
4	萤石
5	磷灰石
6	长石
7	石英
8	黄玉
9	刚玉
10	金刚石

自然界矿物相对硬度级别（软至硬）

据记载，金刚石是在约7000年前被发现的，不过当时人们并不知道它的化学成分是什么，甚至认为它是由土、气、水、火4种元素组合而成的。

1704年，牛顿偶然发现金刚石居然可以燃烧。1772年，法国科学家拉瓦锡发现金刚石燃烧后，一切都灰飞烟灭了，什么都没剩下，直接变成一缕二氧化碳烟尘。1796年，英国化学家台耐特发现，金刚石其实和石墨一样，都是由纯净的碳组成的。

至此，人们才恍然大悟，原来大名鼎鼎、尊贵至极的金刚石，其成分只是普普通通的碳。

所以，如果仅从化学成分上讲，金刚石是一种普通得不能再普通的矿物。在化学中，科学家把这种只有一种元素组成的纯净物称为单质。

金刚石有一个"亲兄弟"——石墨，它们都是由单一的碳元素组成的矿物，但二者的物理性质却有着天壤之别。硬度就是石墨的最大"软肋"，它的硬度只有1~2级。

造成"哥俩"硬度差别巨大的原因在于它们内部的晶体结构，也就是它们的"骨架"不同。

因此，物质不同的内部结构决定着它们不同的物理性质，而不同的物理性质又决定着不同的用途。这种由单一化学元素组成，由于排列方式不同而具有不同性质的单质叫作同质多象变体或同素异构体。

碳元素在地球上含量非常丰富，除金刚石和石墨外，碳的单质还包括木炭、活性炭、焦炭、炭黑等。地球上的含碳化合物多达上百万种，如二氧化碳、一氧化碳、甲烷、钢铁、石油、天然气、树木、草、粮食、蔬菜、土壤，还有铅笔芯、碳素笔墨水、纸等。地球上的所有生命都是以碳元素为"基石"组成的"碳基生命"。因此可以说，如果没有碳，就没有我们这个世界。

既然地球上的碳这么多，可为什么天然金刚石还这么珍贵、稀有？

金刚石只产于一种叫作金伯利岩的岩石中，这种岩石因为最早于1887年在南非的金伯利被发现而得名。金伯利岩是火山隐蔽爆破作用形成的一种岩石，在自然界中很罕见，露出地面的面积不到所有火成岩总面积的千分之一，而且只有1/5～1/3的金伯利岩中可能含有金刚石，金伯利岩中的金刚石含量非常低，每吨仅有区区0.4克。

金伯利岩浆在地下200～300千米的深处形成，这里的压力为4.5万～6万个大气压，温度超过1500摄氏度。在岩浆中，金刚石的结晶和生长速度非常缓慢，通常需要几千万年甚至上亿年才能长成一定的模样。

如果满足不了这些条件，岩浆中的碳就很可能会"另寻出路"，跑去跟别的元素结合，形成其他含碳矿物质，而不是金刚石了。

含有金刚石晶体的金伯利岩浆必须从地下深处，沿着火山通道猛冲上来，而且快要到达地表时，由于火山口是封闭的，在巨大的压力下，岩浆会发生爆破，随着压力突然释放，温度骤然降低，岩浆迅速冷却，只有这样，金刚石晶体才能被暂时保留在岩石中。这个过程是不是有点像崩爆米花？"砰"的一声，压力释放，玉米粒瞬间变成美味的爆米花。

金伯利岩浆距离地表的位置既不能太深，又不能太浅。如果太深，压力无法释放，就无法发生爆破；如果太浅，金刚石晶体就会与地表的氧气发生反应，生成二氧化碳，或者与氢气发生反应，生成甲烷，甚至可能会

● 19世纪金伯利钻石矿照片

"摇身一变",干脆形成另一种纯碳矿物质——石墨。

由此可见,在自然界中,要想形成一颗金刚石是多么不容易。金刚石的形成条件极为苛刻,地质因素和温度、压力等物理条件都必须十分巧合地"凑"到一起,否则很可能会"千古红楼只一梦,竹篮打水一场空"。

虽然金刚石无比坚硬,但却不稳定,容易转变成石墨。

例如,在隔绝空气的条件下,如果把一颗五彩斑斓的金刚石加热到1000摄氏度,它就会慢慢地变成一堆黑不溜秋的石墨。而在有氧条件下,仅需要加热到650摄氏度,金刚石就会开始氧化,表面会出现黑色的烧痕。

看到这里,你可能会马上联想到,既然金刚石能慢慢变成石墨,那我们可不可以"点石成金",把普通的石墨变成高贵的金刚石呢?这样不就解决金刚石资源匮乏的问题了吗?

答案是肯定的,不过"点石成金"谈何容易。如同在岩浆中形成金刚石的条件非常严苛一样,要想把石墨转化成金刚石,温度和压力条件同样极端严格。因为温度越高,金刚石越不稳定,越容易变成石墨,所以要想让金刚石在高温下仍然保持稳定,就必须相应地增加压力;可是一旦压力增大,石墨向金刚石的转化速度就慢下来了,而温度越高,越有利于提高转化速度。所以必须把高温与高压匹配得恰如其分,否则就不可能实现。

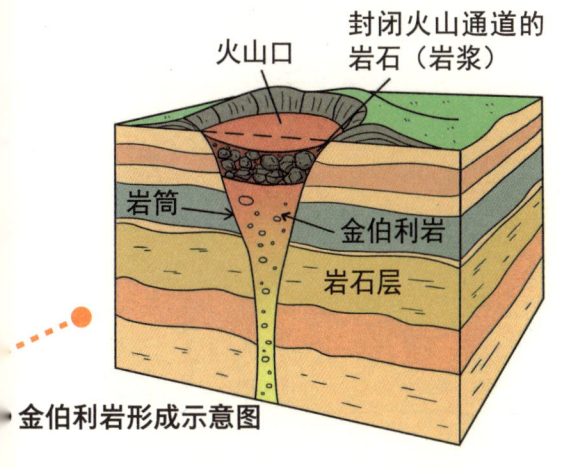

金伯利岩形成示意图

通过大量的实验,科学家发现,在2000~4000摄氏度、6万~12万个大气压下拆散石墨的骨架,让连接原子之间的化学键断裂,才能把石墨的六方网状结构组合成金刚石的正四面体网状结构。但这还不够,因为仅仅靠高温高压,转化速度太慢,必须借助铬、铁和铂等金属的帮助来提升转化速度,只有这样才有可能把其貌不扬的石墨转化为仪态万方的金刚石。1955年,美国通用公司的科学家霍尔等人用高温高压设备,在1650摄氏度和95000个大气压下,在实验室合成了世界上第一颗人造金刚石。

我国的天然金刚石资源非常匮乏,只有辽宁、山东有一些,而且品质不佳。为解决这个问题,1963年,我国科学家用高纯石墨粉做原料,合成了我国的第一颗人造金刚石。目前我国的人造金刚石产量已占据全球人造金刚石产量的90%以上。

越来越精湛的合成技术,使人造金刚石在物理性质上与天然金刚石别无二致,甚至硬度有过之而无不及。目前人造金刚石的产量已经远远超过天然金刚石的产量,但人造金刚石的颗粒还比较细小,多数只能用于研磨、切削或作为地质、石油钻井用的钻头等。

石油是怎么形成的

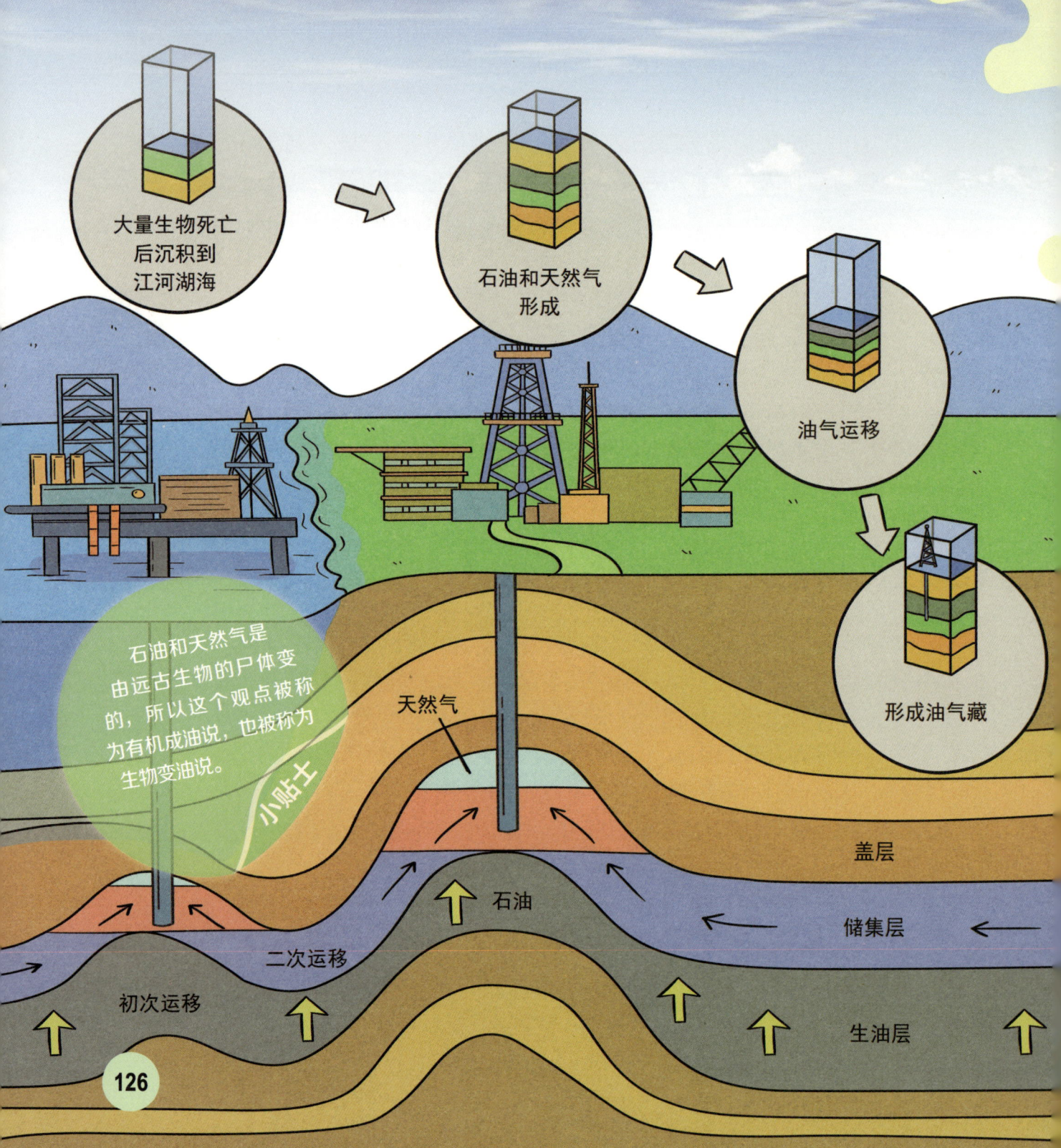

大量生物死亡后沉积到江河湖海 → 石油和天然气形成 → 油气运移 → 形成油气藏

小贴士：石油和天然气是由远古生物的尸体变的，所以这个观点被称为有机成油说，也被称为生物变油说。

天然气

石油

初次运移

二次运移

盖层

储集层

生油层

石油是人类最早使用的矿产之一，早在公元前40年，就有使用石油的记载。自1859年美国打出第一口油井以来，石油开始进入人类的生产和生活，成为各国举足轻重的战略物资，大到工业、农业、交通、国防，小到衣食住行，都离不开它。

从150多年前首次开采以来，全世界共开采了多少石油？这已经无法得出准确数据，但从目前全球平均每年消耗近50亿吨石油的数据来看，至少应该有几千亿吨。这么多的地下石油是如何形成的呢？

早在200多年前，人们就对石油的成因争论不休，归结起来主要有两种观点：有机成油说和无机成油说。

有机成油说： 远古时期的海洋、湖泊及河流中的浮游生物等动物死亡后，它们的遗骸与泥沙等物质一起，在低洼的浅海、海湾或湖泊中沉积下来，形成有机淤泥，然后这些有机淤泥被新的沉积物所覆盖。导致这些被埋藏的生物遗体与空气隔绝，形成了无氧环境。随着地壳不断沉降，沉积物不断堆积，温度和压力也随之升高，动物的尸体就开始慢慢分解。经过几百万年以上的演化，这些生物遗体逐渐变成生物有机质，最后当温度较低时，就变成了液态石油，当温度过高时，就变成气态天然气。

按照有机成油说的观点，随着生物有机质不断转变成石油和天然气，那些埋藏在沉积岩中的远古生物的遗骸会越来越少，所以持有机成油说观点的人认为，石油和天然气是不可再生的，挖一点就少一点，终有一天会被挖完。

而无机成油说则认为，地下含有大量的碳元素和氢元素，只要温度、压力和化学条件合适，就可以源源不断地形成油和气，所以持无机成油说观点的人认为油和气是取之不尽、用之不竭的可再生能源。

持两种观点的人争论不休，都有自己的证据，但也都存在无法解释的问题。究竟哪一个正确，到目前也没有最终定论。不过，目前绝大多数人比较认同第一种说法，因为地球上99%以上的油田都是依据"有机成油说"理论找到的。

无机成油说： 石油和天然气是地球深部的碳元素和氢元素通过化学作用结合而成的，然后慢慢地往地表浅部运移，聚集在一起形成油气田。也就是说，早在地球诞生时，石油和天然气就已经存在了，它们的总量只与地下的碳元素和氢元素的含量有关，与生物没有任何关系。

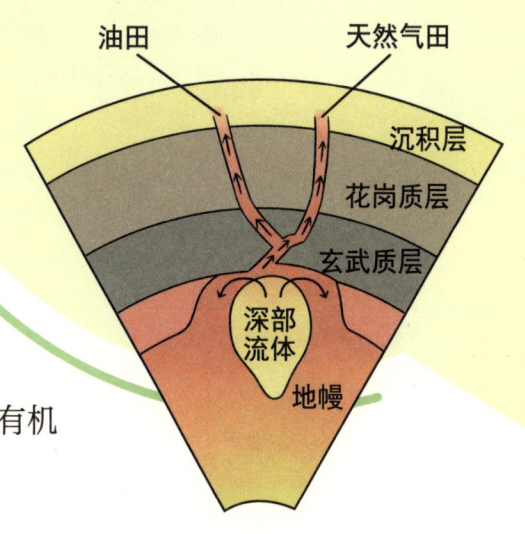

石油是怎么形成的

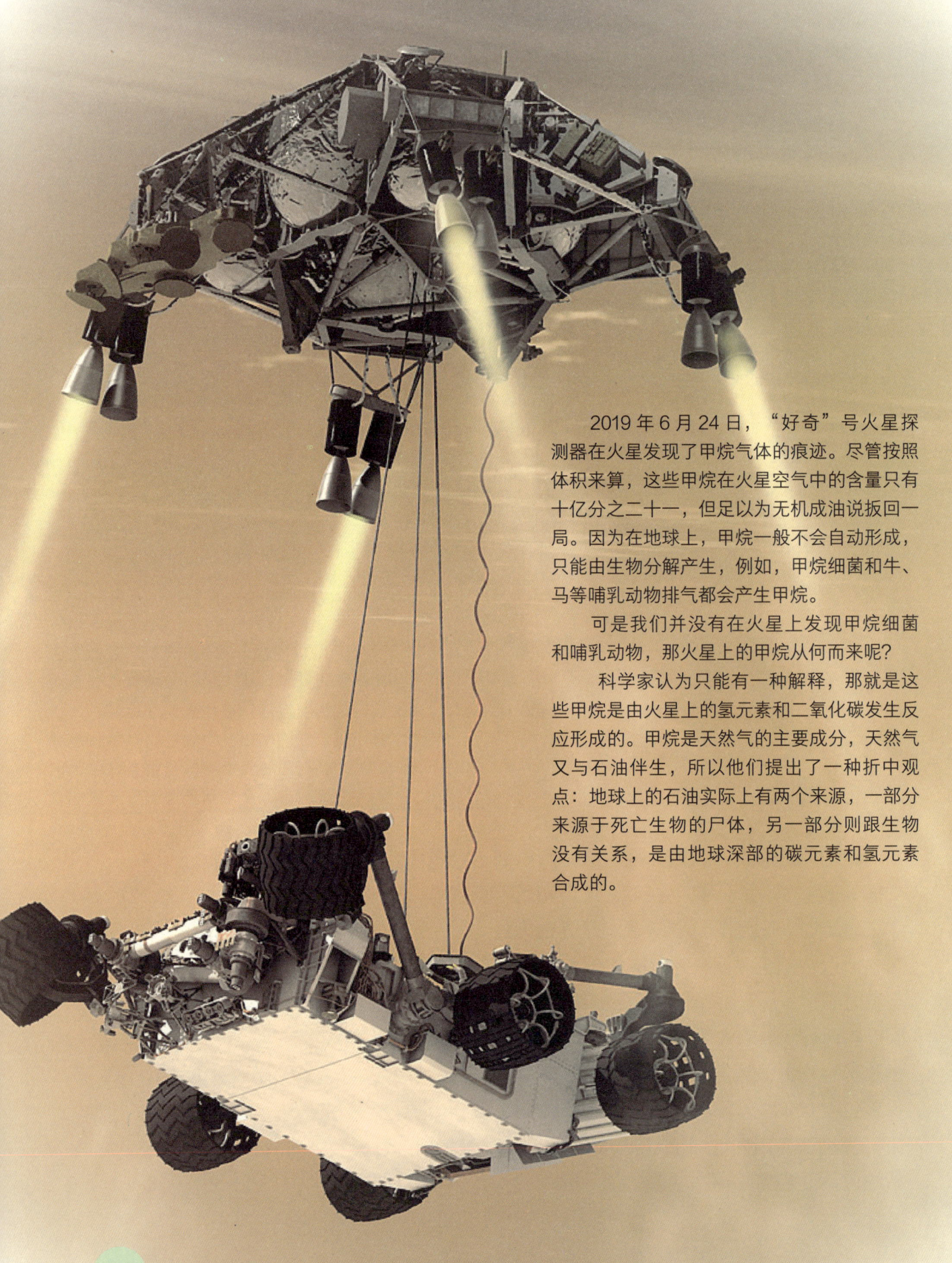

2019年6月24日，"好奇"号火星探测器在火星发现了甲烷气体的痕迹。尽管按照体积来算，这些甲烷在火星空气中的含量只有十亿分之二十一，但足以为无机成油说扳回一局。因为在地球上，甲烷一般不会自动形成，只能由生物分解产生，例如，甲烷细菌和牛、马等哺乳动物排气都会产生甲烷。

可是我们并没有在火星上发现甲烷细菌和哺乳动物，那火星上的甲烷从何而来呢？

科学家认为只能有一种解释，那就是这些甲烷是由火星上的氢元素和二氧化碳发生反应形成的。甲烷是天然气的主要成分，天然气又与石油伴生，所以他们提出了一种折中观点：地球上的石油实际上有两个来源，一部分来源于死亡生物的尸体，另一部分则跟生物没有关系，是由地球深部的碳元素和氢元素合成的。

● 油气田的"生储盖"

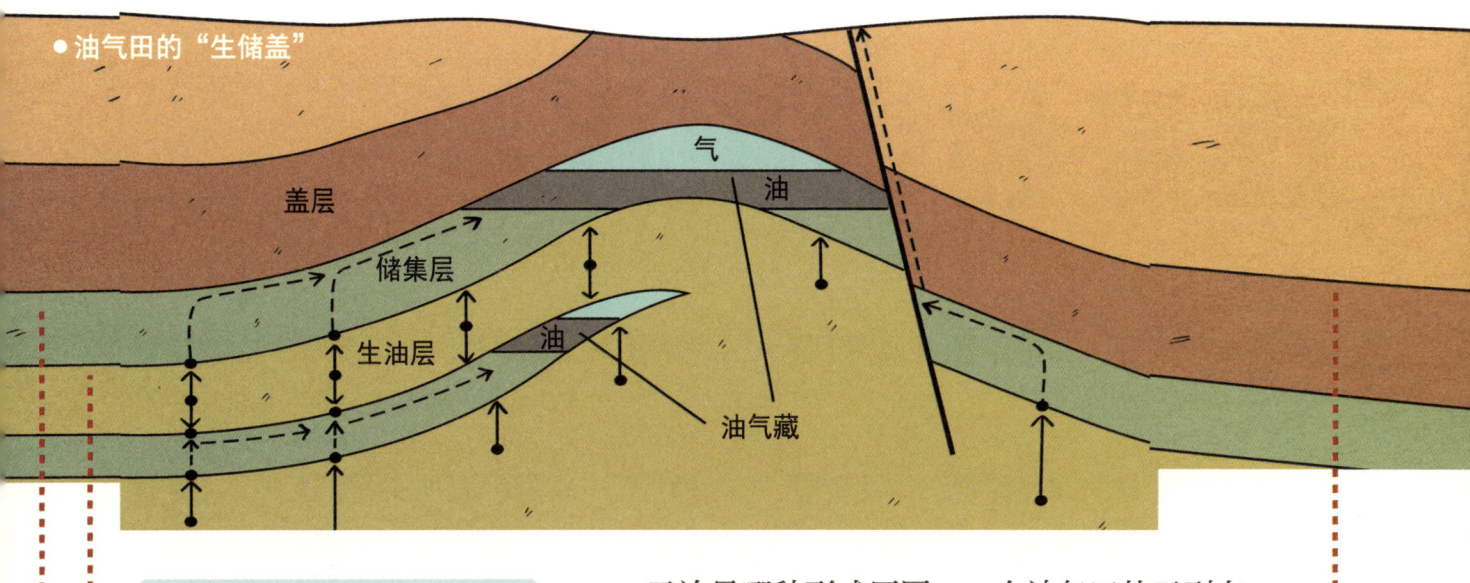

图示标注：盖层、储集层、生油层、气、油、油气藏

最初形成的微小的油滴、气苗，分散着吸附在岩石极其微小的孔隙或者裂缝中，这些岩石叫作"生油岩"，也就是"生"。

在地层压力的作用下，这些分散的油滴、气苗会沿着岩石孔隙或裂缝，向上方和浅部压力相对较小的地方，通过渗滤和扩散作用缓慢运移，在一些空隙较多的岩层，如砂岩、砾岩和碳酸盐岩中一点一点聚集，并储存起来，这些岩层叫作储集层，也就是"储"。

储集层一般位于地下2000～3000米，储集层岩石的孔隙中充满着石油，像一块吸满了水的海绵（临时的"地下油库"）。因为油气在地下会转移，所以生油产气的地方往往不是储油储气的地方，而储油储气的地方一般也不是生油产气的地方。

无论是哪种形成原因，一个油气田从无到有，从星星点点的油滴、气苗的产生，到油气田的形成，中间要经过千百万年复杂的物理和化学作用及漫长的"生、储、盖"的地质演化过程。

可以看出，油气苗的产生只是"万里长征"的第一步，要形成一个能开采的油气田，必须历经漫长的地质演化和复杂的物理化学过程，而要加到汽车油箱里，变成动力燃料——汽油，则还需要采油、运输、分馏、精炼等极其烦琐的工艺和技术。

地下到底还有多少油气，还能供人类用多久，没有人能够给出准确数据，因为地下的情况太复杂了。不过有的专家估计，还有1万亿～1.6万亿桶，约等于1400亿～2300亿吨。而有的专家估计还有约2800亿吨，可供开采时间不超过95年，也有专家说仅够三四十年，差别比较大。但无论地下还有多少油气，还能使用多少年，我们都将面临一个残酷的现实，即我们燃烧的油气越多，大气中的二氧化碳就会越多，地球环境也必将会因此而变得越来越不适宜我们生存。

要想让储集层中的油保持存储状态，就得有个像盖子一样的岩层，盖在储集层上面，起到封闭和遮挡的作用。如果没有这个盖子，或者封闭不及时，储集层里的油气就会挥发，或者被氧化，变成二氧化碳和水，所以盖层是形成油气田不可缺少的地质条件。最好的盖层是那些比较致密，不透油、不透气的岩层，如泥岩、页岩、石膏岩、盐岩、泥灰岩等。

煤是如何形成的

我们日常所说的煤，也称为煤炭。虽然煤和炭的主要化学成分都是碳，但严格来讲，二者是完全不同的两种物质。煤是远古植物被掩埋后，经过复杂的生物化学作用和物理化学作用，变成的一种可燃性固体物质，其中仍然含有一些可燃的有机物质。而炭则是煤在隔绝空气的条件下进一步变质，脱除了其中的有机物而形成的黑色可燃固体。

人类开采和使用煤的历史已经有 2000 多年了，直到今天，煤仍然是重要的化石能源之一。例如，我们所用的 50%～70% 的电仍然来自燃煤发电，也就是火力发电。虽然煤燃烧后会产生大量二氧化碳等温室气体，对大气环境非常有害，但目前人类还没有办法彻底摆脱对煤的依赖，而且在今后很长一段时间内，煤可能依然是人类不可或缺的基础能源材料。

地下这么多的煤是怎样形成的？按照现在全球每年近 80 亿吨的开采量，有一天会不会被挖完？

地质学家认为，远古地质历史时期，湖泊和沼泽中的大量植物在较短时间内被掩埋，然后又被泥沙等沉积物覆盖，经过长期的压实作用，以及温度和压力变化等一系列复杂的生物、物理、化学作用，被掩埋的植物发生变质，慢慢地形成较为密实的、类似岩石的可燃物质——煤。

> **小贴士**
> 压实作用，是一种地质作用，专指地表松散的泥沙物质等，当沉降到地下一定深度时，由于其上面又覆盖了更多的松散泥沙物而受到重压作用，使得这些松散物质逐渐变得密实，这种作用被称作压实作用。

植物遗骸变成煤

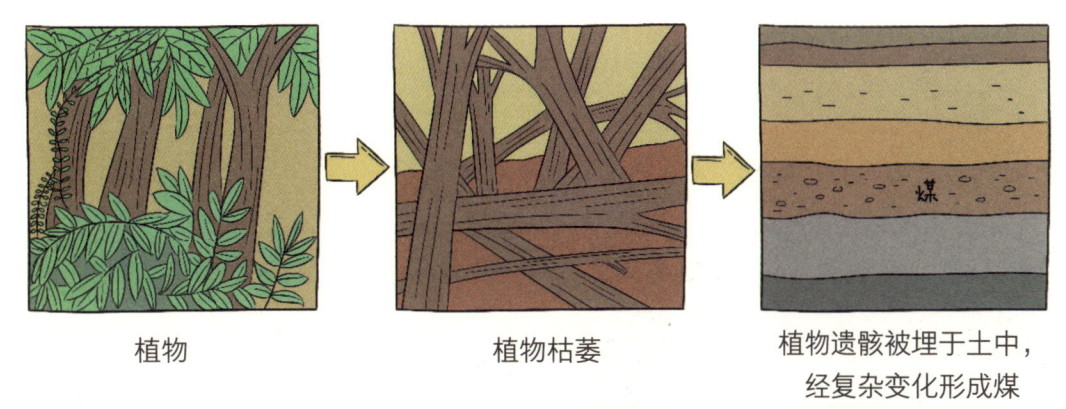

植物 → 植物枯萎 → 植物遗骸被埋于土中，经复杂变化形成煤

用一句话概括就是，煤是由植物遗骸变的。

所以在采煤过程中，有时会在煤层中发现带有年轮的树干或者树枝、树叶等植物化石，这也是煤由植物遗骸变来的直接证据。

煤的主要化学成分是碳，此外还有氢、氧、氮、硫、磷等成分，其中碳、氢和氧三者含量的总和常常超过总量的95%。

植物死亡以后，首先变成腐质泥，也称为泥炭，腐质泥再经过变质作用才能形成煤，整个过程至少需要数百万年的时间。

● 煤矿石中蕨类植物化石

根据煤的形成过程，科学家把煤分为褐煤、烟煤、半无烟煤和无烟煤四种类型。

由于植物被掩埋的初期，主要是在接近地表的常温和常压条件下，遗体发生腐烂，相当于大量的植物尸体首先经历腐败过程，然后才逐渐向真正的成煤过程转化。泥炭还不算是真正的煤，因为其中混有大量泥沙物质，也没有压得很密实，虽然可以被点燃，但是

煤是如何形成的

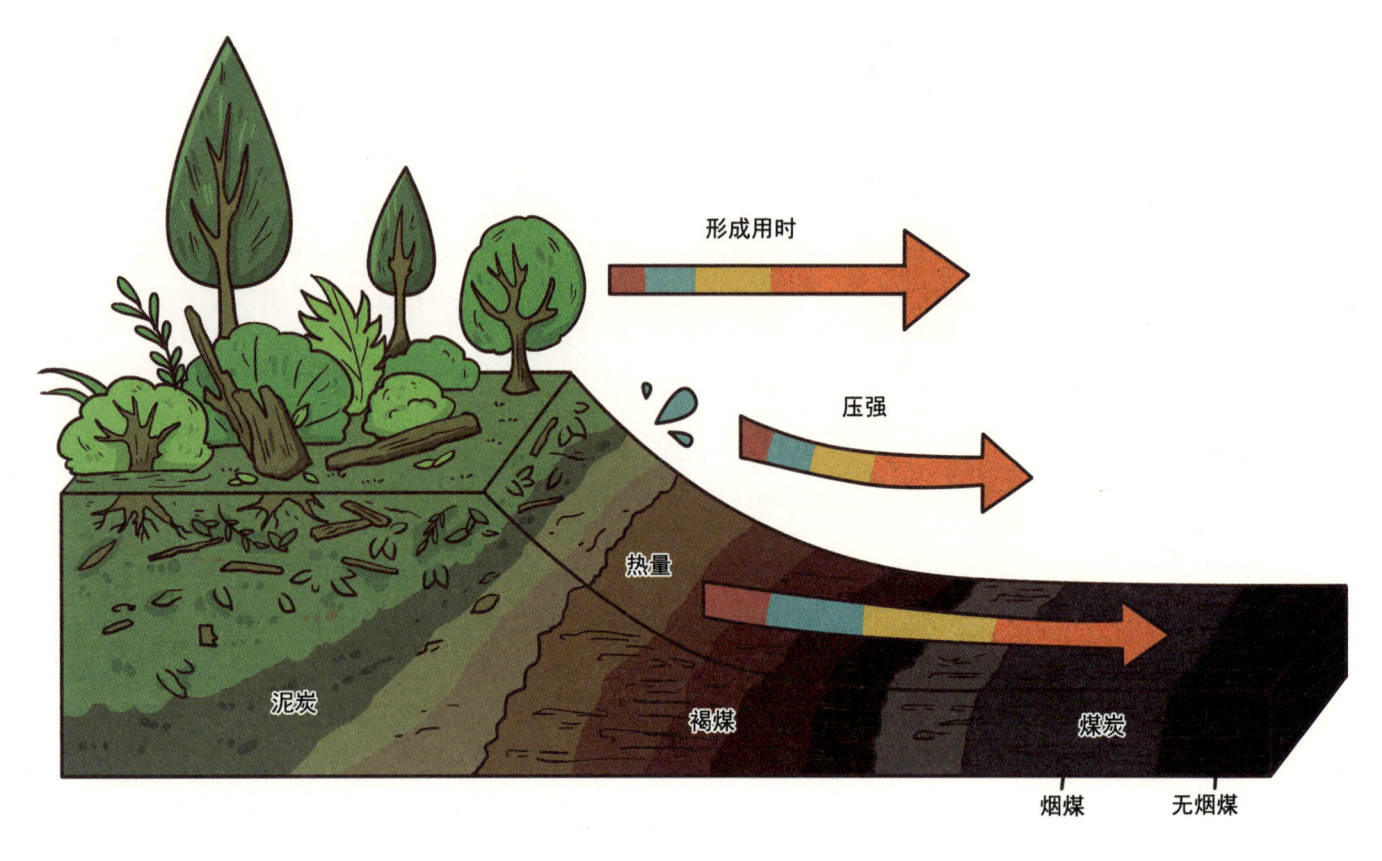

不容易燃烧。大多数泥炭，是植物遗体在沼泽中堆积后，经历了生物化学作用形成的。

泥炭被掩埋后，由于地壳的沉降作用而逐渐下移到地下深处，掩埋物因此会经受更长时间的压实作用。期间，一些容易挥发的物质会逐渐逃逸，而碳元素则被保存下来。这样一来，埋藏物在被压实的过程中，其单位体积的碳含量会逐渐升高。当碳的含量到达一定程度时，就非常容易燃烧了，这时就算作是煤了，我们称之为初级煤，或者劣质煤，由于其颜色主要呈褐色，就叫它褐煤。

当沉降继续进行，压实作用进一步加强，温度和压力逐渐升高时，变质作用就会不断增强。在这种条件下，褐煤会进一步释放出由氢、氧、氮、硫等组成的容易挥发的物质，相应地，各种杂质元素也会进一步减少，单位体积的碳含量则会继续增加，煤的密度和硬度也会由于压力的不断增加而增加，逐渐由褐色向深黑色转变，此时褐煤就变成了烟煤。由于燃烧时仍然会冒出大量的烟尘，所以称为烟煤。

烟煤进一步变化，就成了半无烟煤，其燃烧时冒的烟尘量比烟煤少得多。等易挥发的物质几乎全部跑掉了，半无烟煤就变成了无烟煤。无烟煤中的碳含量是最高的，燃烧时几乎没有烟尘。

我们生活中所用的煤大多为烟煤、半无烟煤，无烟煤相对较少。

看到这里，有人或许要问：有些煤矿的煤层很厚，最厚的甚至达上百米，那什么条件下才能有那么多树木堆积成煤呢?

形成巨厚的煤层需要几个特殊条件:

第一,土壤肥沃。植物生长繁茂,一代代生长,并一代代死亡、堆积,有丰富的树木资源储备。

第二,水资源充沛。但水的流动性不能太强,这样可以减少流水带来的泥沙等杂质,有利于植物腐烂成煤。

第三,稳定速率的区域性地壳沉降。这使得早阶段死亡的植物不断被堆积、掩埋,而且后阶段植物仍然能够茂盛生长,一代代演替,前赴后继,稳定堆积,最终形成厚层植物堆积体。

根据目前地球上发现并开采的煤层,可以发现煤层的形成确实与地球上植物的进化有关系。

地质学家认为,地球上有三个主要的成煤时期。从早到晚依次是距今3.6亿～3亿年的石炭纪、距今2亿～1.65亿年的侏罗纪和距今0.65亿～0.34亿年的第三纪。所以,现在我们使用的每一块煤实际上都是远古时期植物的遗骸。

● 石炭纪时期植物(左)形成的巨厚煤层(右)

那时候,气候温暖潮湿、湖泊碧波荡漾、沼泽星罗棋布、森林繁茂、植物高大。如果没有当初那样的环境,今天地球上就不可能蕴藏有如此丰富的煤炭资源。

从250年前工业革命时期,人类开始大规模使用煤算起,人类究竟从地球上挖了多少煤,已经无法确切统计了。但有一点是确切的,煤是不可再生能源,挖一点儿就少一点儿,挖完就没有了。有科学家推算,如果按照当前的消耗速度,30～60年后,地球上的煤就会被我们挖空。

如果真的如此,到时候我们能找到替代能源吗?

> **知识小卡片**
>
> **变质作用** 指地球上的物质,如岩石或者沉积物,当温度升高或压力增大时,这种物质在基本保持固体状态的情况下变成另一种物质的作用。

神奇的稀土

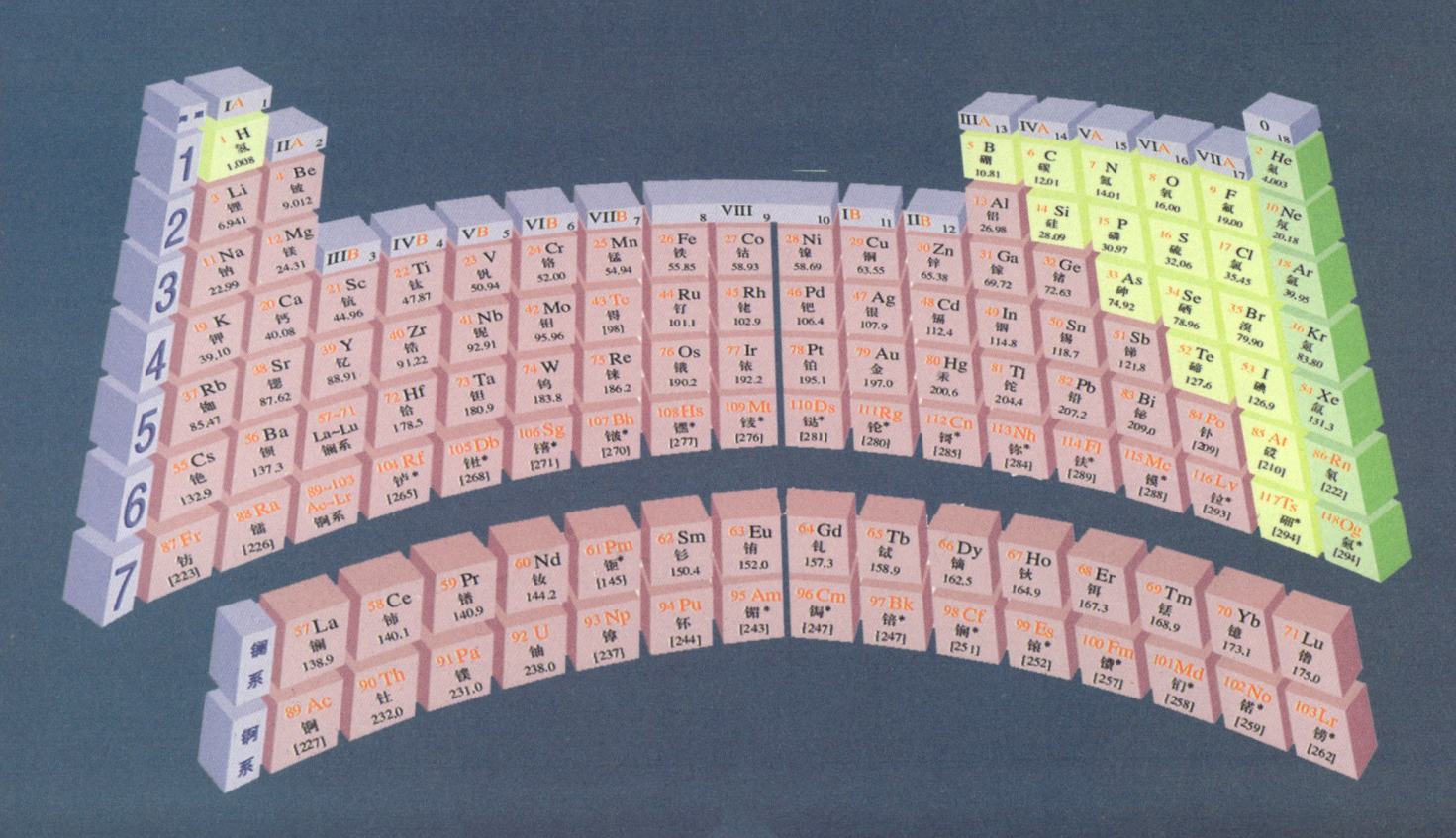

一提到"稀土",很多人会认为它是某种"稀少的土",但事实上,它既不"稀",也不"土",而且跟土没有一丁点儿关系。

稀土是一个大家族,是化学性质很相近的17种金属元素的总称,和金、银、铜、铁、锡一样,是地地道道的纯金属。稀土家庭包括镧(lán)、铈(shì)、镨(pǔ)、钕(nǚ)、钷(pǒ)、钐(shān)、铕(yǒu)、钆(gá)、铽(tè)、镝(dī)、钬(huǒ)、铒(ěr)、铥(diū)、镱(yì)、镥(lǔ)、钪(kàng)和钇(yǐ)。

它们之所以被称为稀土,完全是由于一百多年前的一场误会。

1787年,瑞典炮兵团中尉阿伦尼乌斯在斯德哥尔摩附近一个名叫伊特比的小村落闲逛时,捡到了一块奇特的黑石头。因为这个小村落开采过的矿石都是浅色的,他觉得这块黑色石头跟此前看到的矿石不同,所以就根据伊特比村给这块石头起了个名字,叫作"Ytterbite",并将它送到化学家约翰·加多林那里鉴定。

加多林仔细研究了这个黑色的石头,发现里面有一种从未见过的金属氧化物,它和氧化钙、氧化铝相似,从外表上看,和土差不多。加多林将它以原产地的名字命名为"yttrium",翻译成中文就是"钇",这是人类认识的第一种稀土氧化物。

只可惜加多林没有意识到,这种金属氧化物并不全是氧化钇,而是由三种氧化物组成的。1828年,德国化学家弗里德里希·维勒从中分离出氧化钇;1843年,瑞典化学家莫桑德又从中发现氧化铽和氧化铒。

● 稀土铽

● 纯净的稀土元素钇

当时,人们习惯于把金属氧化物叫作土,比如氧化铝叫作白土,氧化钙叫作碱土,氧化镁叫作苦土等。于是,科学家们就自然而然地把钇的氧化物叫作钇土。当时由于这几种元素的氧化物极为稀少,因此科学家就统称它们为稀土。

从那以后,科学家们花费了150多年的时间,直到1947年才发现了最后一种稀土元素钷,而稀土这一历史遗留下来的"美丽"名字也沿用至今。

稀土虽然在矿物中的分布非常分散，开采起来也比较困难，不像常见的铁、铜等金属那样富集到一块儿，但稀土在地壳中的含量一点儿也不少。例如，含量最高的铈，每吨地壳岩石中就有45克，含量和铜差不多，是银的800多倍，金的16000多倍；即便含量最少的铥，每吨地壳岩石中也有0.4克，是银的7倍，金的130倍。

● 超级永磁王——钕磁铁

科学家把稀土分为轻稀土和重稀土两大类。轻稀土包括从镧到铕7种金属，剩下的10种是重稀土。在全球范围内，轻稀土较多，主要用于民用商业；而重稀土较稀缺，主要用于军事、国防、航天等高科技领域。

稀土具有其他金属元素所无法比拟的光、电、热、磁等特性，再加上其化学性质十分活泼，哪怕在普通材料中加一丁点儿稀土，都可以改变材料的物理或化学性质，起到"四两拨千斤"的效果，能制造出性能各异、品种繁多的新型材料。

例如，20世纪60年代我国曾研制出一种稀土碳素钢，可用作坦克装甲钢，其横向抗击打能力比加入稀土前提高了70%左右。

再如，20世纪80年代，人们发明了一种新型磁铁，因为里面加了稀土钕，所以叫作钕磁铁，是目前世界上磁力最强大的磁铁，能吸起比自身重量大640倍的铁，而普通磁铁最多只能吸起2~3倍于自身重量的铁，磁力一下子增强了两三百倍。一块直径3.6厘米、高3.2厘米、质量仅为250克的钕磁铁靠吸力拉动了一辆质量约4吨的中巴车。如果把一个苹果放在两块钕磁铁的中间，苹果会被挤得粉碎。所以钕磁铁被称为"超级永磁王"。

加稀土和不加稀土，材料的性质和功能都会发生很大改变。例如，加入稀土的铸铁管比普通铸铁管的强度提高5~6倍；而加入稀土的铁路钢轨比普通铁路钢轨的寿命提高1.5倍。在陶瓷功能材料中，变化更明显，只要加入1%的氧化镧，电容器的使用寿命竟然可延长400～500倍。

稀土可以广泛应用于工业、农业、军事国防、电子通信、石油化工、冶炼、玻璃陶瓷和新材料等诸多领域。上至高精尖设备武器，下到人们的生活点滴，几乎没有一个地方能离开它，而且科技含量越高的领域，稀土应用得越多，所以稀土被称为"工业维生素"和"新材料之母"。

加入镧、铈和钕轻稀土制造的电子夜视仪，性能大大提高。即使在伸手不见五指的黑夜，150米以内的人和物也能通过电子夜视仪看得一清二楚，一览无余，有效识别率高达80%，即使距离300米远，有效识别率也可达到50%。

高科技武器都离不开稀土。以美国的几款高端武器为例，一枚美国爱国者导弹的制造需要约4千克的钐磁铁，一架F-35A隐形战斗机的制造需420～450千克稀土材料，一艘"伯克"级驱逐舰的制造需要2360千克稀土。

稀土与我们的日常生活息息相关。例如，智能手机的制造至少使用了七八种稀土：电路的制造使用了钕和镧；照相设备的制造使用了镧和钇；麦克风的制造使用了镨、钕、钆；彩屏的制造使用了钇、铕、钆、铽；电池的制造使用了镧和镨；震动装置的制造使用了钕；等等。

稀土是重要的、不可再生的战略资源，没有稀土，就没有现代高科技，也没有高精尖武器。当今世界每创造四种新技术，就有一种与稀土有关。全球多个国家都把稀土列为重要的战略元素或关键高技术元素，可见稀土的重要和珍贵。

玄武岩的精彩

在野外常常可以看到一种黑灰色的石头，它既不像花岗岩那样圆乎乎的一团，也不像石灰岩、砂岩那样一层一层地叠在一起，更不是杂乱无章地堆在一起，而是像齐刷刷的石柱子，或是直挺挺地立着，或是向同一个方向弯曲，一根挨着一根，紧密地贴在一起。

从它们的上面往下看，这些石柱子的横截面大部分是六边形的，也有少数四边形、五边形和七边形的，排列得整整齐齐，活像一个个蜂巢里的小格子。

这些石头很像设计师们修建公园时故意垒砌的。

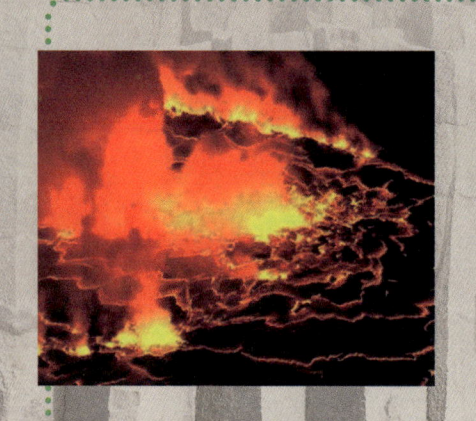

其实，它们是火山爆发喷出来的熔岩冷却凝固后形成的一种岩石，叫作玄武岩。这些柱子的地质术语叫柱状节理，是玄武岩特有的一种地质现象，在很多火山岩地区，像我国的浙江、福建、江苏、广东、云南、台湾、香港等都能看到这样的地质奇观。

这些神奇的柱状节理是怎么形成的呢？

多数地质学家认为，玄武岩岩浆在冷却过程中，会形成很多均匀分布的凝固中心，岩体冷却，体积缩小，每个中心周围的岩浆都会均匀地向它收缩、靠拢，导致岩石裂开，于是就形成了规则的柱状体。地质学家把这种情况称为"冷却收缩说"。

这就像湖泊底下的淤泥，在阳光的暴晒下，收缩形成泥裂。

为什么玄武岩对六边形情有独钟呢？

事实上，不光是玄武岩，蜂巢、昆虫的眼睛、海洋生物的骨骼等都是六边形的。

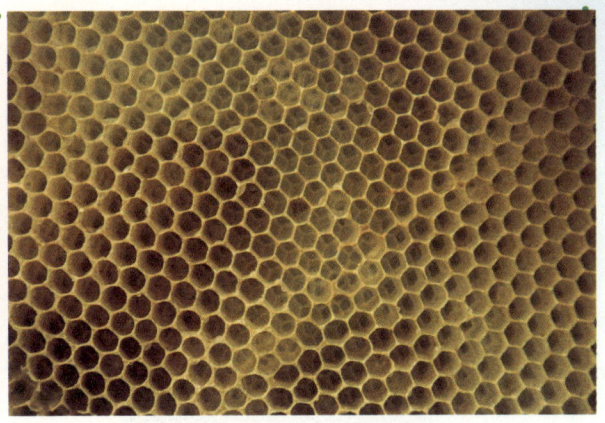

这不仅仅是数字上的巧合，而且蕴含着深厚的数学和物理原理。因为在一个平面内，六边形可以用最短的边填充最大的面积，而且每两条相邻边都呈120度的夹角，每条边的受力都很均衡。所以，六边形是力学上最稳固的排列方式之一。

你一定玩过吹肥皂泡吧？一个个圆圆的小泡泡在阳光的照耀下，呈现出美丽的色彩。如果让你做一次"泡泡筏"，在水面或玻璃上吹一层肥皂泡，你看到的可就是另外一番情景了。

你吹出来的第一个泡泡是圆的，第二个泡泡会"面对面"地跟第一个泡泡紧紧贴在一起，它们之间的接触面是直的。

当你吹出第三个泡泡时，有趣的一幕出现了：三个泡泡会立马重新排列，以120度的夹角贴在一起，就像风电机的三个大叶子一样。

接下来吹出第四个泡泡、第五个泡泡……一直到吹完，很多泡泡摞在一起，它们都会以近乎120度的夹角贴在一起。这时你会发现，每三个泡泡贴在一起，形成"三足鼎立"的局面，三边相接，夹角差不多都是120度，除个别泡泡有"先天不足"外，几乎大多数泡泡都变成了六边形。

柱状节理的形成和肥皂泡的道理几乎完全一样。精妙绝伦的柱状节理，是大自然的杰作，更是数学、物理学的结晶。

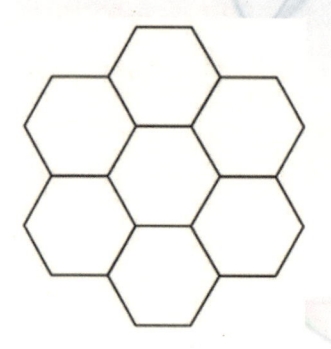

从表面上看，玄武岩黑不溜秋、其貌不扬，似乎难登大雅之堂，但如果把它们粉碎，磨成粉，在熔炉里加热到1200摄氏度以上，这些玄武岩粉就会熔化成液体，然后经过澄清、冷却和均质化后，在拉丝机的高速牵引下，它们就会变得像棉花糖一样，被神奇地拉成一根根泛着金属光泽的细细的玄武岩纤维。

玄武岩纤维具有高强度、耐高温、耐酸碱、抗腐蚀、抗氧化和抗辐射，以及隔音能力强等诸多优点，这是传统纤维所无法比拟的。

虽然单根玄武岩纤维的直径仅为7～20微米，大约只有人的头发丝的1/10～1/5，但它的强韧度是同样粗细的钢材纤维的5～10倍，质量却仅有钢材纤维的1/3左右。而且玄武岩纤维不怕热，能耐受500摄氏度的高温。另外，如果把100千克的普通玻璃纤维和玄武岩纤维都泡在浓度相同的盐酸溶液中，3小时后，普通玻璃纤维会被酸腐蚀近0.39千克，而玄武岩纤维仅被腐蚀0.02千克。在烧碱溶液中浸泡3小时后，普通玻璃纤维会被腐蚀掉0.06千克，而玄武岩纤维只被腐蚀0.028千克。

玄武岩纤维用途非常广泛，不仅可以用在建筑材料、桥梁加固、风力发电、石油化工、环保汽车、消防器材等方面，还可以在军事和航天领域大显身手，比如，用于制造隐形飞机机身、雷达隐形罩、隐形天线、坦克装甲车车体、宇宙飞船的外罩、宇航服的外罩防护层、防弹衣等。

● **使用玄武岩纤维制作的环保汽车和消防服**

玄武岩在世界很多地方都有分布，我国的玄武岩资源也比较丰富，但并不是所有的玄武岩都可以被制成纤维，只有硅、钾、镁和钛等氧化物的含量符合条件才行，例如，二氧化硅含量严格要求在51%～53%，而氧化镁的含量则要求在3%～6%。

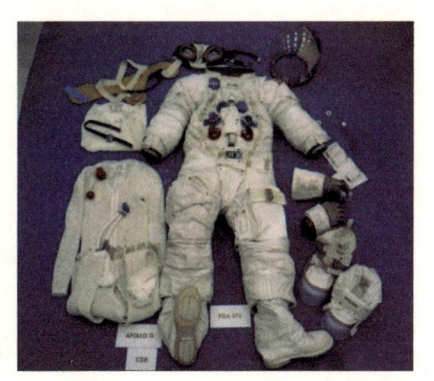

一堆普通的石头，在科学家和工程师的手中摇身一变，身价倍增，变成了既可以建房子、做衣服，又可以造飞机、坦克、舰船的材料。可以想象，随着新技术的发展，未来我们必将利用岩石开发出更多天然、无污染的材料，以造福人类，造福社会。

知识小卡片

玄武岩 火山爆发喷出来的熔岩冷却凝固形成的一种岩石，名字叫玄武岩。玄武岩形成的特殊的六方柱子在地质术语上叫柱状节理，是玄武岩特有的一种地质现象。

玄武岩的精彩

地震是怎么回事

地震就是地球表面的震动，也称地动。

引发地震的原因有很多，既有人为的，如地下核试验、放炮等，也有自然的，如构造运动、火山爆发、深洞塌陷等。地震就像刮风下雨一样，是一种正常的自然现象。

据全球地震台网监测，地球上平均每年约发生500万次地震，能被我们感觉到的只有5万次左右。绝大多数地震由于震级太小，或者震中离我们太远，我们感觉不到；造成严重破坏的地震有10~20次，而造成特别严重破坏的大地震每年有两三次。

地球上约90%的地震，都是由地壳构造运动，也就是断层活动引起的，这种地震被称为构造地震。如2008年5月12日发生的汶川8.0级地震就是由龙门山断裂活动引起的。

那构造地震是怎么发生的呢？当你用力弯曲一根木棍时，刚开始木棍会慢慢变形，但如果你继续用力，一旦超过它的承受能力，木棍就会被折断。地震的发生也是这个道理。

地壳在运动过程中逐渐积累了大量的能量，它们会对地下岩层产生巨大的作用力，一旦这种作用力超过岩层所能承受的最大地应力，岩层就会突然发生破裂或错动，同时产生震动波，并以发生破裂或错动的地方为中心，向四面八方传播，从而引起地面震动，地震就发生了。地震学家把这种震动波称为地震波。

地震波是一种能量，能引起震动，所以当地震发生时，地震波传播到你的脚下，你能感觉到地面在震动。

地震波是造成地震破坏的"元凶"，它们传播到哪里，就把破坏带到哪里。地震波主要以纵波和横波两种形式从震源向四周传播，但传播速度和造成的危害略有不同。纵波又叫压缩波，靠挤压传播，所以速度

> **小贴士**
> 应力是指物体由于外因，如受力、湿度等变化而发生变形时，物体会自动产生一种抵抗让自身变形的内力，并试图从变形后的位置恢复到变形前的位置。而地应力就是存在于地壳中的应力。

较快，先传到地表，使地面上下震动，破坏性较弱；横波又叫剪切波，靠剪切传播，速度略慢，但会使地面发生前后、左右震动，危害性和破坏性强，能使建筑物结构错位，引起坍塌等。

地下岩层破裂或错动的位置，叫作震源，震源越浅的地震破坏性越强。震源正上方地面上的那个点就叫震中，震中的位置可以用纬度和经度精确表示，例如，2008年汶川地震的震中在北纬31.0°，东经103.4°，震源到震中之间的距离叫震源深度。一般来说，一个地震的震源越深，破坏性越弱；反之就越强。

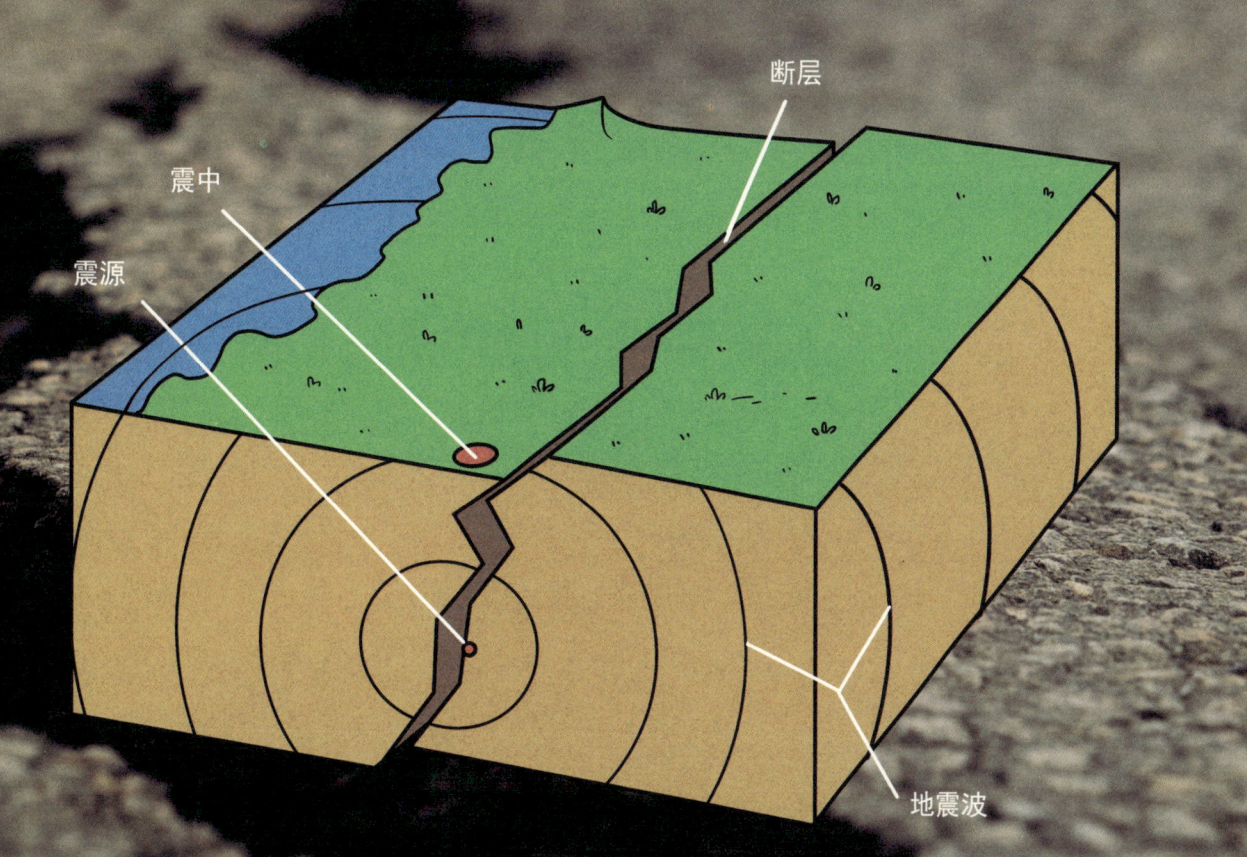

● 断裂引发地震

地震强度有大有小，衡量的标准有两个。

一个是震级。用地震仪测量地震发生时所释放出来的能量多少来表示地震规模大小，释放的能量越大，震级就越大。现在世界上普遍使用的是里氏震级，共分9个等级，地震越大，震级的数字也越大。一般来说，里氏5级的地震就属于破坏型地震了，会造成房屋倒塌和人员伤亡等，全球平均每年发生1000次左右的里氏5级以上地震。震级每增加一级，地震释放的能量约增加32倍；震级每增加两级，释放的能量就会增加近1000倍；震级每增加三级，释放的能量就会增加30000多倍。

另一个是烈度，表示地震对地面工程、建筑物，以及生态环境等破坏和影响的程度。影响烈度的因素很多，如震级、震源深度、距离震中的远近，以及地震波传播途中的地质条件和建筑物是否坚固等。同一次地震在各地的烈度不一样，所以烈度没有国际统一标准。

我国把烈度从小到大划分为12度，最小是1度，人感觉不到，只有仪器能记录到；最大是12度，发生时一切建筑被摧毁，地形剧烈变化，动植物毁灭。

一次地震只有一个震级，但可以有很多个烈度。比如，1976年唐山的里氏7.8级大地震，震中烈度为11度，天津市为8度，北京市为6度，到了石家庄、太原等就只有4～5

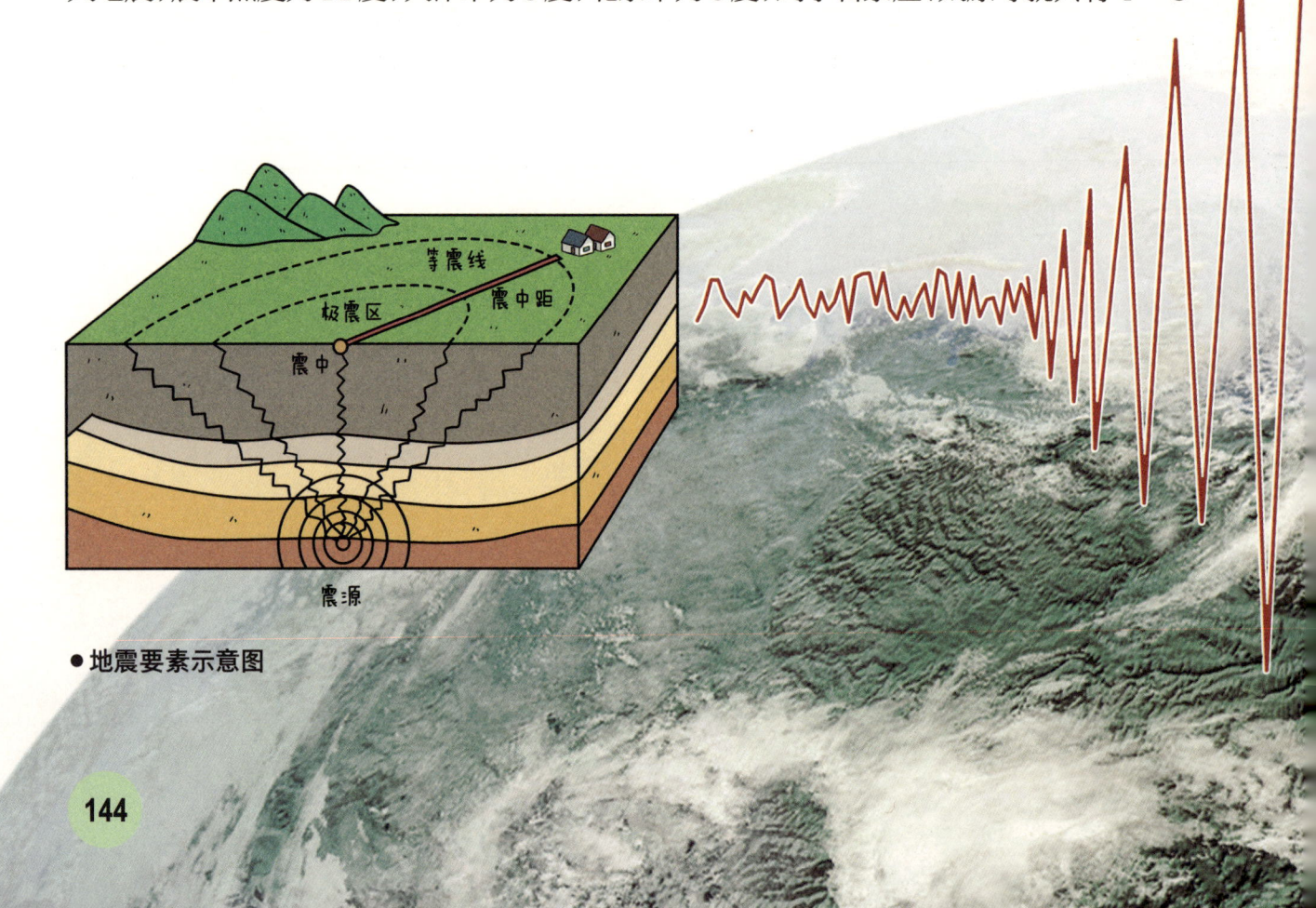

> **小贴士**
> 里氏震级是以发生地震时产生的水平位移作为判断地震震级的一种量度，是1935年由美国地震学家里克特和古登堡提出的，所以称为里氏震级，是国际上普遍采用的衡量地震大小的量度。

● 地震要素示意图

度了。这就跟房间里有一座火炉一样，火越旺，散发的热量越多，但房间里不同地方感受到的热量不同，离火炉越近，温度越高，离火炉越远，温度越低。

地球上的地震分布不均匀，但有一定的规律性，85%～90% 的地震发生在板块活动的边界，主要集中在三个区域，地震学家把它们称为地震带，包括环太平洋地震带，喜马拉雅-地中海地震带（又称欧亚地震带）和大洋中脊地震带。

全球地震绝大多数都发生在这三条地震带上，其中 80% 的地震，特别是造成严重破坏的强烈地震，都发生在环太平洋地震带上，比如，1906 年旧金山 7.8 级大地震、1960 年智利 9.5 级大地震、2011 年日本 9.0 级大地震等。约 15% 的地震发生在喜马拉雅-地中海地震带，约 5% 的地震发生在大洋中脊地震带。

我国地处环太平洋地震带和欧亚地震带两个地震带上，同时受太平洋板块、印度洋板块挤压，地震断裂带十分发育，主要地震带就有 20 多条，所以我国是一个地震灾害严重的国家，经常发生破坏性大地震。

在大自然面前，人类是渺小的，我们无法抗拒自然的力量，人类花费成百上千年精心打造的一座座繁花似锦的都市、一栋栋富丽堂皇的宫殿，有可能在几秒钟的地震中就会被毁于一旦，变成废墟。地震，特别是破坏性地震给人类造成极大灾难，但从科学的角度来说，地震是地壳活动的正常表现，所以只要地壳在运动，地震就可能会发生。我们要正确看待地震，同时努力开发新技术，更好地保护我们自身，保护我们的建筑。

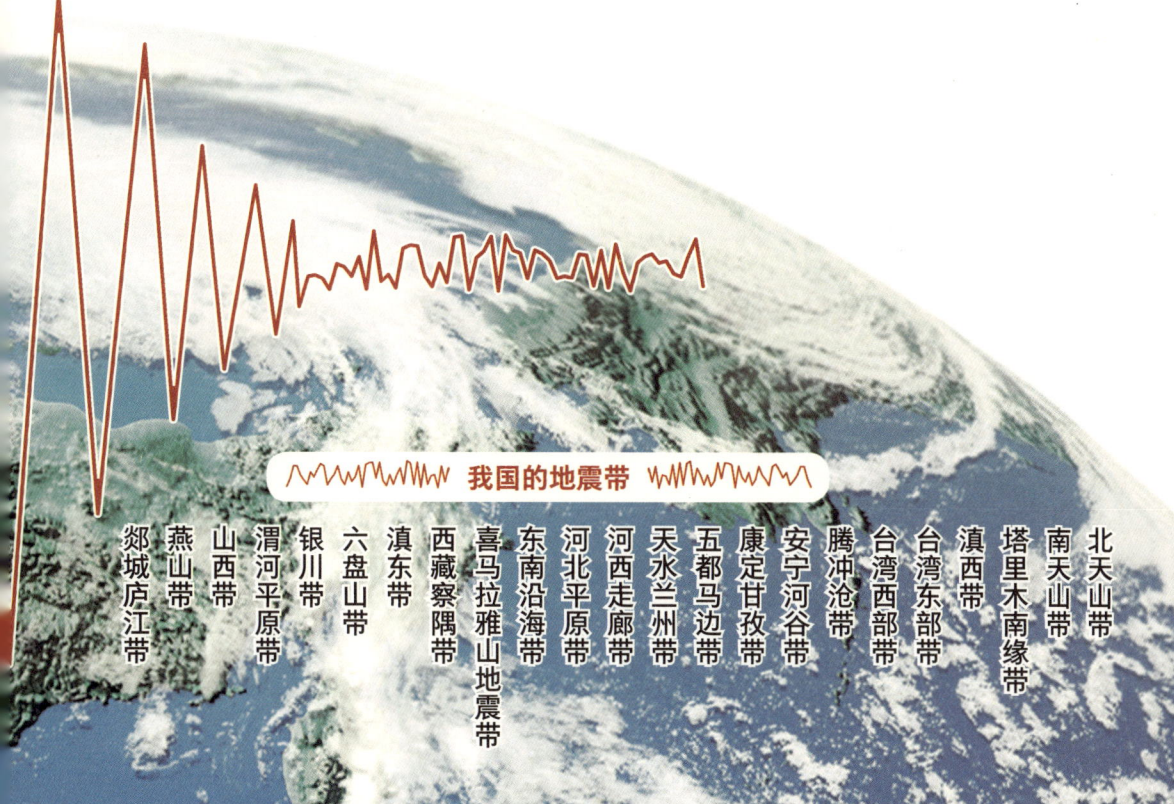

我国的地震带

郯城庐江带　燕山带　山西带　渭河平原带　银川带　六盘山带　滇东带　西藏察隅带　喜马拉雅山地震带　东南沿海带　河北平原带　河西走廊带　天水兰州带　五都马边带　康定甘孜带　安宁河谷带　腾冲沧带　台湾西部带　台湾东部带　滇西带　塔里木南缘带　南天山带　北天山带

为什么地震不能预报，只能预警

地震给人类造成了巨大的人员伤亡和财产损失。20世纪，地震共造成100多万人丧生，据科学家估计，21世纪这一数字很可能会增加10倍，达到1000万人。

从1856年意大利科学家卢伊吉·帕尔米耶里发明第一台地震仪算起，150多年来，科学家千方百计地试图探究地震成因等，来预报地震。可遗憾的是，在科学技术如此发达的今天，我们依然不能预报地震，不知道地震会在什么时候发生，在哪里发生，级别有多大，破坏性如何。

早在170多年前，人类就开始预测天气，现在已经建立了地基—空基—天基完整的观测、监测系统，几乎能够准确无误地预报未来一周的天气，可为什么面对地震却始终一筹莫展、束手无策呢？有些科学家甚至悲观地认为，地震预报是一道无解的难题，而且或许永远无解。

地震预报的确是世界科学的难题，那么它到底难在哪里呢？

我们知道，地震是岩石圈板块运动积累的能量瞬间释放造成的，但从板块运动到能量积累是一个极其漫长而复杂的物理和地质过程，短的可能需要几十年，长的则需要上百年，甚至几百年，而这些能量的最终释放却是突然的一瞬间，所以要想预报地震，就必须对地壳岩石圈运动的原因、过程、方式、规律、地质作用等每一个细节都了如指掌，可是就人类目前的科学技术水平还难以做到。

地震一般都发生在地下十几千米到几十千米深处，个别的甚至位于地下700多千米，而人类迄今所完成的最深科学钻井工程只有12千米左右，无法接触到大部分地震的震源深度。即便是10～20千米的浅源地震，我们也无法身临其境，探其究竟，也不可能把观测仪器安装到发生地震的地方，对地震震源进行直接观测。所能做到的只能是在地表通过地震波或电磁波等间接手段，来推断地下深处看不见的东西，如地幔物质对流，板块运动的速度、方向、力量等。但是不能直接观测数据，就很难掌握板块运动的规律。气象就不同了，气象学家可以通过气象卫星、气象雷达和高空气球等，直接获取气压、气温、风速、风向及湿度等瞬时数据，得出天气变化的规律。

一般地震震级越高，带来的灾难越严重。但从科学研究的角度上讲，大地震越多，越有利于地震学家认识地震发生的规律，进而为地震预报提供科学数据。由于大地震次数非常少，而且每次地震都不一样，所以无法找出大地震发生的规律。好几次大地震发生前，都没有任何征兆，例如，2008年汶川大地震发生前一天，世界各地的上万个地震监测站都没有发生任何异常报告。结果24小时后，一场惨重的地震发生了。

为了收集尽可能多的第一手资料，地震学家只好在地震发生后，做些震后考察研究，但是下一次大地震在哪一天发生，在哪里发生，还是无法得知。

虽然我们无法阻止地震，也无法预报地震，但却可以预警地震。

地震预报和地震预警虽然只是一字之差，但本质差别很大。

地震预报是在地震发生前对地震发生的震级、时间、地点进行的预测和预报。而地震预警却是地震发生后，对即将到来的破坏性地震波进行的警报。所以地震预报是在地震发生之前，而地震预警则是在地震发生之后。

地震预警利用两个"速度差"实现，一个是地震横波与纵波的"速度差"，另一个是地震波与电波的"速度差"。

横波和纵波在地球内部的传播速度不同，纵波跑得快，每秒5.5～7千米，但破坏性弱；而横波跑得慢，每秒只有3.2～4.0千米，但破坏性强。而电波的传播速度和光速一样，每秒约30万千米，比纵波快4.2万～5.4万倍，比横波快7.5万～9.3万倍。

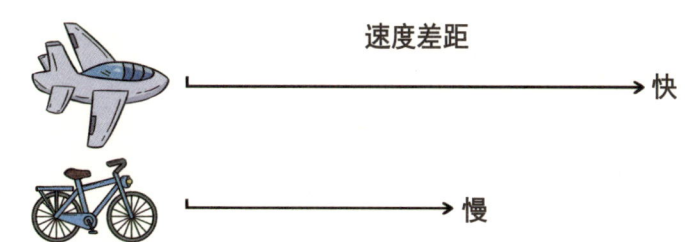

当地震发生时，纵波最先到达震中附近的地震监测站，地震监测站会自动快速测定出地震发生的时间、震中位置，并快速计算出横波到来的时间，通过电台、电视和手机，以倒计时的方式，向地震还未波及的区域，提前几秒到几十秒发出警报，全过程只需要几秒

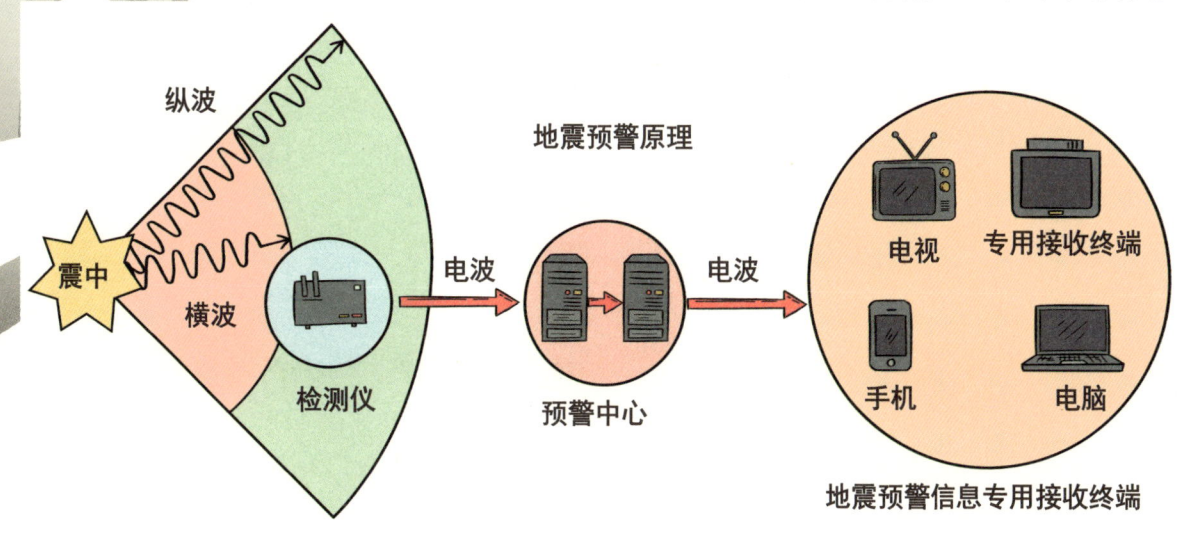

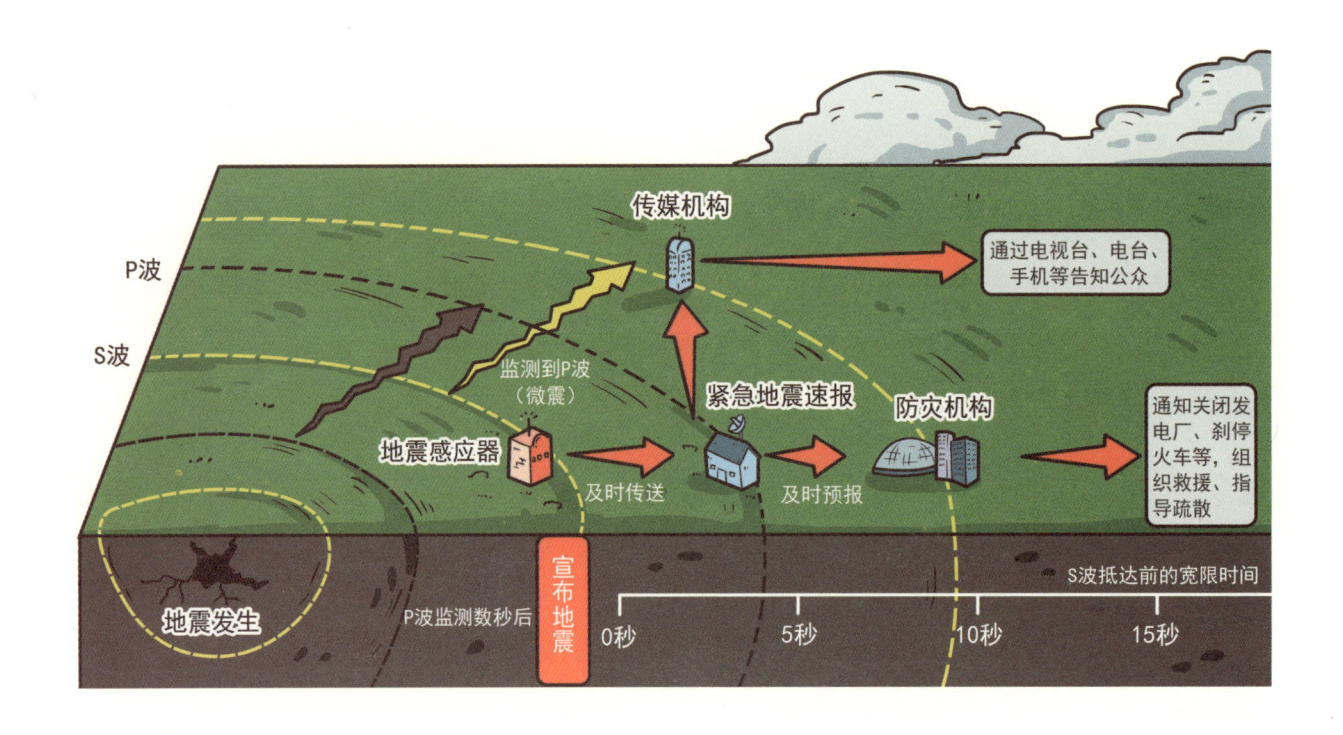

钟，这样人们就可以在破坏力较大的横波到来之前，做出相应的应急避险措施。

总之，地震预警利用的就是电波"跑赢"地震波的原理，这跟我们先看到闪电，后听到雷声的道理一样。

提前几秒到几十秒做地震预警，可以挽救许多宝贵生命，减少财产损失。有专家曾做过测算，如果提前3秒预警，人员伤亡可减少14%，提前10秒预警人员伤亡可减少39%，提前20秒预警人员伤亡可减少63%，提前60秒预警则可减少95%。地震预警还可以与城市供电、供气、高铁、水库、核电站等重点工程设施相连接，以便在地震到来之前，采取紧急措施。

我国的地震预警是在2008年汶川大地震后开始的，迄今已在重点震区建立了6000多个预警站，可以为6亿～7亿人提供预警服务。2019年6月17日，四川长宁发生6.0级地震，成都提前61秒收到预警，预警信息被传达到了180所学校与110个社区，为民众避险赢得了宝贵时间。

多年来，虽然各国的科学家都在不懈地探索，但由于人类对地球深处复杂世界的认知还极其有限，所以在现有的科技条件下，还无法预报地震，只能预警。究竟什么时候能够预报，目前没有人能够给出确定的说法，或许百年、千年后，或许永远不可能。

但有一点是确定的，那就是，如同地震预警从无到有一样，只要我们不断努力探索、大胆尝试，就一定会离揭密地震的真相越来越近。

地震来了怎么办

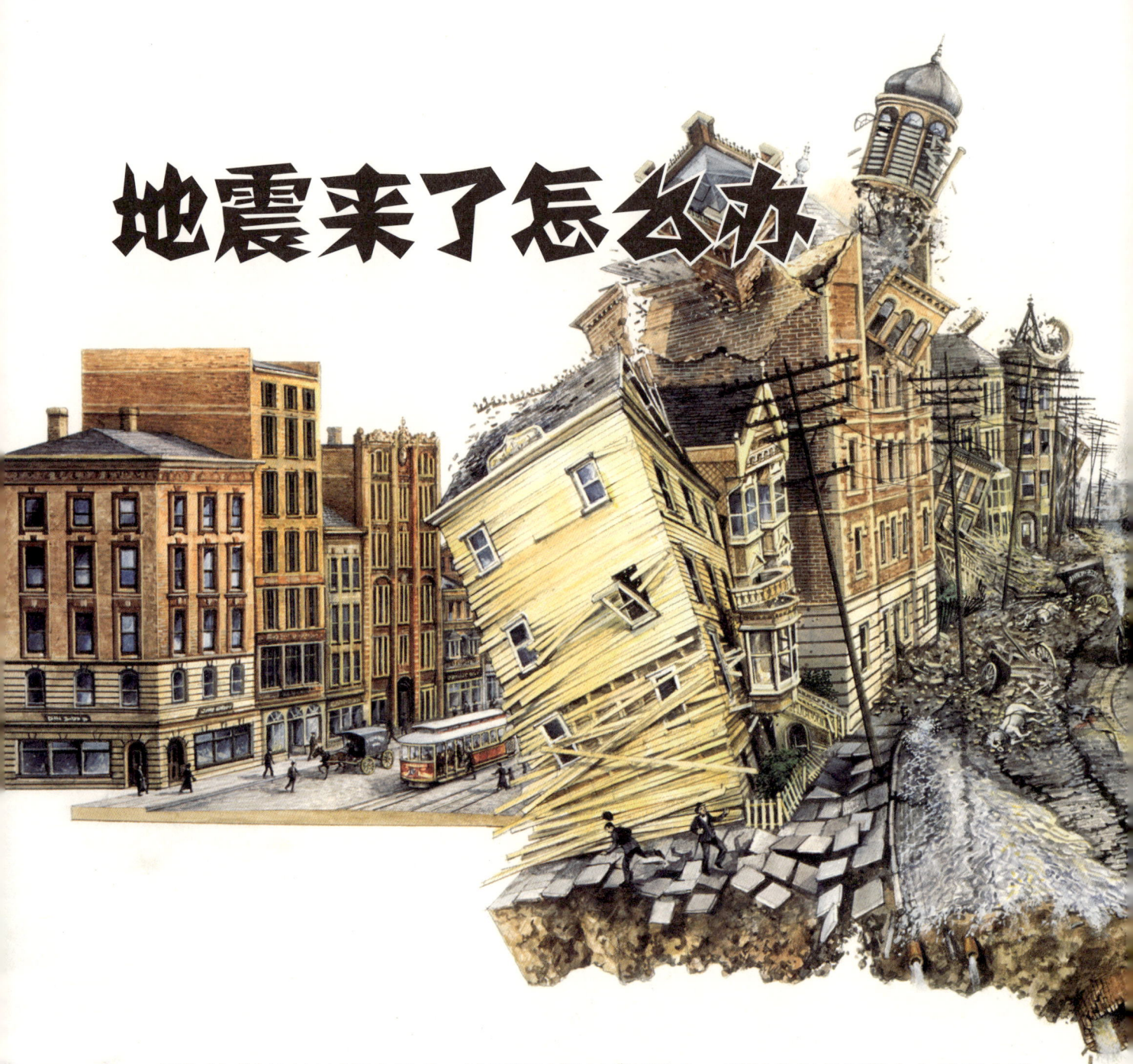

  因为地壳每时每刻都在运动，地震随时都有可能发生，所以我们必须学会在地震中避险。

  里氏 5 级以上的破坏性地震，从我们感到震动到建筑物被破坏，平均需要 12 秒左右的时间，它被称为"黄金 12 秒自救机会"，这段时间对震区的每个人都至关重要，甚至生死攸关。那么在如此短的时间内，我们该怎么办呢？

  正如专家总结的："震时就近避险，震后迅速撤离"。可是，到哪里躲？怎么躲？往哪里逃？如何逃？躲和逃的时候该注意什么？又该如何做好自我保护呢？

地震震级与破坏程度关系示意

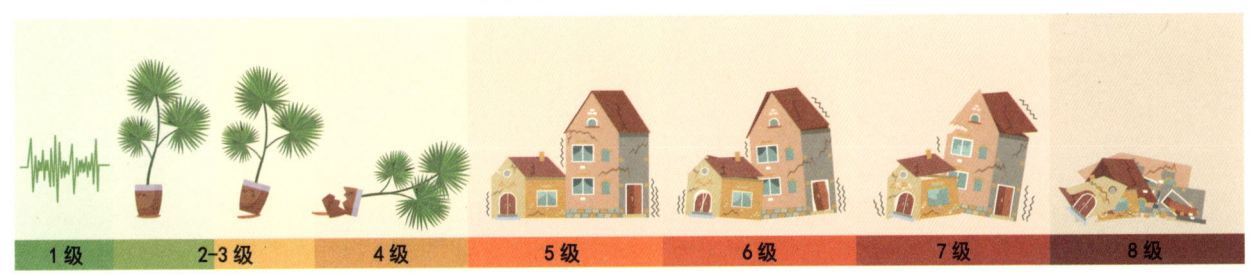

| 1级 | 2-3级 | 4级 | 5级 | 6级 | 7级 | 8级 |

地震来了怎么办

室内避险

地震发生时,如果你是在平房或楼房的一层,一定要护住头部,迅速跑出室外避险。

如果在楼房二层及以上,就不能往外跑,因为只有短短的十几秒钟,时间根本来不及,而且地震时,地面震动得很厉害,往往站立不稳,加上精神紧张,很难在这么短的时间内从楼上跑到室外。另外,这时门也可能会因为变形而打不开,所以比较好的办法是在室内躲避。

比如内墙墙根、墙角、卫生间、储藏室、浴室等,万一房屋坍塌,这些地方可以形成三角空间,是室内避震最好的地方,所以叫作"生命三角区"。除此之外,也可以在结实的桌子、床、沙发、讲台旁躲避。

躲避时要伏地趴下,捂住口鼻,尽量蜷曲身体,降低身体重心,低头,抓住身边牢固的物体,防止因地面晃动而摔倒。

要用被子、衣服、枕头、书包或坐垫等护住头部,如果没有这些东西,就用手臂护住头部。

生命三角区

在室内躲避地震时要牢牢记住下面几点:

1. 千万不要跳楼,跳楼非常危险;

2. 远离窗户,不能翻窗,因为地震时窗户最容易变形;

3. 不能去阳台,因为地震时,阳台最容易坍塌;

4. 不要躲进厨房,因为厨房有煤气管道,一旦断裂,泄漏出的煤气将直接危及生命。

万一不幸被困或被埋,暂时无法脱险时,首先要寻找水和食物,敲击身边物体,发出求救信号。一旦与外界取得联系,最重要的是保存体力,尽量放松心情,耐心等待救援。

地震过后,在老师或家长的带领下,用书包或坐垫等护住头部,迅速撤离,到开阔的室外去。

- 快速找到安全三角区域
- 迅速躲藏在坚固家具下 
- 敲击金属，发出求救信号 
- 尺度越小的房间越安全 
- 逃生时不要使用电梯 

地震来了怎么办

室外避险

地震发生时，如果你在户外，要迅速避开楼房、立交桥、过街天桥、烟囱、广告牌等高大建筑物；远离水坝、悬崖、涵洞和狭窄街道等；还要避开变压器、高压线、电线杆，以及易燃易爆物品和危险品仓库等。

一般里氏5级左右的地震就能引起山体滑坡、泥石流等次生灾害，尤其在陡峭山区发生强降雨时，而且震级越大越厉害；海底和靠海地区的地震还能引发海啸。

当看到山体出现裂缝，或者山上的树木、岩石出现位移或倾斜时，就要注意了，这很可能是山体滑坡的前兆。这时要立即远离山体，往两侧跑，不能往上或往下跑。如果实在来不及躲避，可以立即躲在结实的、大块的岩石下，或者蹲在地沟、陡坎下，并保护好头部。

而当听到地下或山谷中传来类似火车的轰鸣声，或者闷雷声和轻微震动时，表明泥石流来了。这时千万不能往地沟里躲，也不能沿着沟底跑，而是尽快离开地沟、河谷等低洼的地方，往高处跑。

地震有时候离我们很远，但有时候也很近。我们随时随地都有可能遭遇地震，所以必须学会一些避险、逃生的基本方法，只有这样，才能最大限度地减少伤亡和损失。

撤离时要记住以下几点：

1. 不管电梯是否正常，一定要走安全楼道，千万不能乘坐电梯。

2. 远离高大建筑、老旧建筑、电线、广告牌、变压器、液化气站、加油站等。

3. 一旦离开危险区，不论地震是否结束，千万不要擅自回到教室或屋内，不管落下多么重要的东西，都不能回去拿，因为地震往往不是一下子就结束的，主震完后，接着会有余震，一些受损的建筑物很容易在余震中倒塌。

- 远离高大建筑物、广告牌等
- 远离河谷、地沟等低洼地 
- 在空旷地避险 
- 远离山体，避免山体滑坡 
- 远离水坝、悬崖、涵洞等 
- 远离阳台、电线杆 

地震来了怎么办

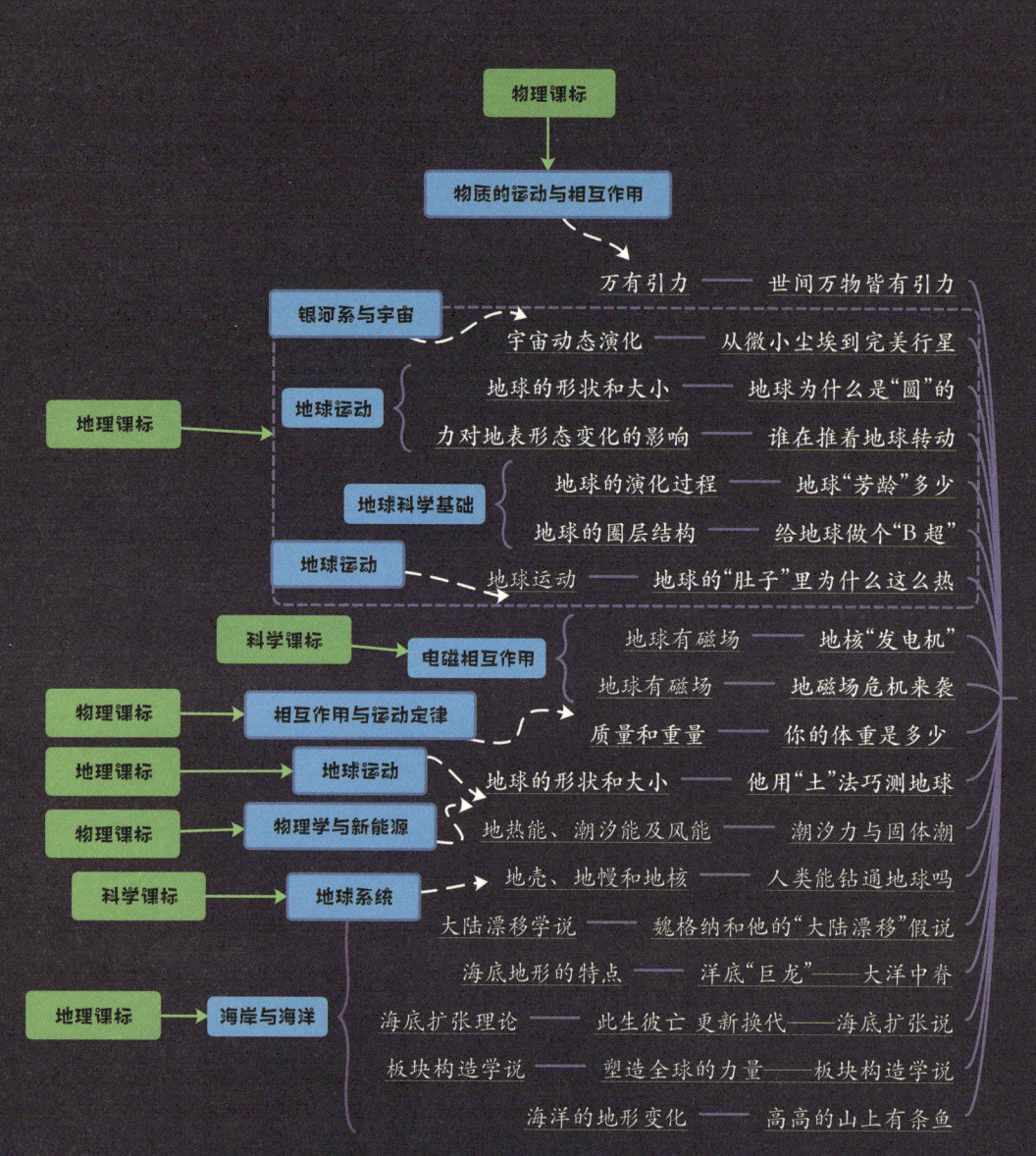

思维导图：万物皆有理——地球中的物理

- **物理课标** → 物质的运动与相互作用
  - 万有引力 —— 世间万物皆有引力
  - 宇宙动态演化 —— 从微小尘埃到完美行星

- **地理课标**
  - 银河系与宇宙
  - 地球运动
    - 地球的形状和大小 —— 地球为什么是"圆"的
    - 力对地表形态变化的影响 —— 谁在推着地球转动
  - 地球科学基础
    - 地球的演化过程 —— 地球"芳龄"多少
    - 地球的圈层结构 —— 给地球做个"B超"
  - 地球运动 —— 地球运动 —— 地球的"肚子"里为什么这么热

- **科学课标** → 电磁相互作用
  - 地球有磁场 —— 地核"发电机"
  - 地球有磁场 —— 地磁场危机来袭

- **物理课标** → 相互作用与运动定律
  - 质量和重量 —— 你的体重是多少

- **地理课标** → 地球运动
  - 地球的形状和大小 —— 他用"土"法巧测地球

- **物理课标** → 物理学与新能源
  - 地热能、潮汐能及风能 —— 潮汐力与固体潮

- **科学课标** → 地球系统
  - 地壳、地幔和地核 —— 人类能钻通地球吗
  - 大陆漂移学说 —— 魏格纳和他的"大陆漂移"假说

- **地理课标** → 海岸与海洋
  - 海底地形的特点 —— 洋底"巨龙"——大洋中脊
  - 海底扩张理论 —— 此生彼亡 更新换代——海底扩张说
  - 板块构造学说 —— 塑造全球的力量——板块构造学说
  - 海洋的地形变化 —— 高高的山上有条鱼

章节名称 —— 万物皆有理 地球中的物理

思维导图

章节名称
- 山高万仞，始自何处——说说高山与海拔 —— 山地、丘陵、高原的形态特征 → 地球的表层 ← 物理课标
- 珠穆朗玛峰能"长"多高 —— 山地、丘陵、高原的形态特征
- 掉到地上的小星星 —— 小行星与陨石之间的关系 → 地球所处的宇宙环境 ← 科学课标
- 小河为何要弯弯 —— 地质构造和地貌特点 → 地球的表层 ← 地理课标
- 灭绝谜案——6500万年前的那一天发生了什么 —— 已灭绝的生物 → 环境因素导致生物进化 ← 科学课标
- 鸟的地磁导航之谜 —— 地球有磁场 → 电磁相互作用

- 地球"发脾气"了 —— 火山爆发 ┐
- 这些火山真奇特 —— 世界火山、地震带的分布 ┘ 世界火山、地震带的分布 → 自然环境 ← 地理课标
- 奇妙的矿物——热电转换器 —— 造岩矿物和常见岩石 ┐ 岩石和土壤
- 矿物颜色万花筒 —— 不同岩石的颜色、坚硬程度等 ┘ → 分子的空间结构 ← 化学课标
- 金刚石是怎么"炼"成的 —— 金刚石与石墨的结构特点
- 石油是怎么形成的 —— 生活中一些重要的有机物 → 常见化合物 ← 科学课标
- 煤是如何形成的 —— 生活中一些重要的有机物

- 神奇的稀土 —— 土壤有不同的质地和结构 → 岩石和土壤
- 玄武岩的精彩 —— 不同岩石的颜色、坚硬程度、颗粒粗细
- 地震是怎么回事 —— 地质灾害的成因与危害 → 自然灾害的构成要素
- 为什么地震不能预报，只能预警 —— 自然灾害爆发的先兆及预报方法 → 防灾减灾的策略与措施
- 地震来了怎么办 —— 自然灾害应对方法

← 地理课标

后记

关于"万物皆有理"

《万物皆有理》系列图书是众多科学家和科普作家联手奉献给青少年朋友的一套物理启蒙的科普读物，包括海洋、天体、地球、大气以及生活五部作品。

2020年初，电子工业出版社的编辑吴宏丽约我写一部适合小学高年级和初中生阅读的物理科普图书，意在激发小学生对物理的兴趣，更好地衔接中学物理课程。我觉得这个想法非常好。

青少年学好物理不仅是为了学好一门课程，更重要的是能增长看世界的能力，能提出更多的为什么，这对他们未来的发展非常重要。

但是，这样的作品写起来也相当有难度。

我是一名专业作家，也是中国科普作协的一名理事，一直从事少儿科学文艺创作及其理论研究，出版过几百万字的作品，如长篇科学童话《酷蚁安特儿》系列、绿色神话《骑龙鱼的水娃》系列，以及科幻童话《我想住进一粒尘埃》等。基础物理科普并不是我的创作方向。但是，这个选题却触动了我多年来的一个心结。

前些年，我在全国各地中小学进行科普讲座期间，经常会听到孩子和家长提出这样的问题：市面上那么多科普书，为什么适合小学生的书那么少？家长如何为孩子选购科普书？怎样辨别书里知识的正误？孩子不喜欢物理课怎么办？孩子们为什么没有科学想象力？

这些问题让我产生了一个强烈的愿望：市面上能有更多更好的、适合中小学生阅读的、具有科学启蒙性的作品出现。这些作品能帮助孩子们提高学习兴趣，又使其不被课堂知识束缚想象力。

经调研发现，在各种各样的科普作品中，适合中小学生阅读的精品科普图书不多的主要原因有三个：一是对受众的针对性研究不够，不能有的放矢；二是内容的科学性不强，不能获得读者信任；三是文字的可读性不够，不能做到深入浅出。

为什么会出现这些问题呢？

因为科普创作是一门需要文理双通的学问，想写好不容易。例如，有的科学家写科普缺乏深入浅出地讲故事的能力，而科普作者又存在科学知识视野不够等问题。

针对这些问题，我们采取了三项措施：一是邀请众多科学家参加创作，以保证科学性，我们先后邀请了中科院的高登义、苟利军、国连杰、李新正、魏科、张志博、申俊峰等不同领域的科学家，以他们为核心组成创作团队；二是由科普作家对创编人员进行科普创作方法培训，以解决可读性问题；三是全员参与研究中小学的物理知识范围，让知识的选取和讲述更有针对性。

尽管如此，创作过程还是非常艰辛的。因为我们要求作品不仅能深入浅出，有故事性，还要体现"大物理"的概念。也就是不仅要传递物理知识和概念，把各种自然现象用物理原理进行诠释，还要将科技简史、科学思想、科学精神和人文关怀融入其中，让小读者们知道：千变万化的大自然原来处处皆有理；人类在追求真理的路上，是如此孜孜不倦且充满奇趣；还有很多的未解之谜有待揭示。

感谢电子工业出版社对我的信任，他们心系青少年科普事业的情怀让我感动，从而让我愿意花费大量的时间和心血来主编这套作品。

科普是一种教育。

一部优秀科普作品对孩子的影响，有时是不可估量的。我们的创作初心是寓教于乐，扎扎实实地做好基础科普，希望能让孩子们在畅读的过程中，不仅能收获知识，也能接收到科学精神和人文素养的熏陶。

由如此众多的科学家与科普作家联手创作的作品，还是非常少见的，为解决科学性和趣味性融合难题做了一次很有意义的尝试。当然，尽管大家努力做到最好，在某些方面也难免不尽如人意，甚至存在错误。我们欢迎批评指正，共同为青少年打造出更好的作品。

霞子

中国科学院科学家与著名科普作家 联合创作

"万物皆有理"系列丛书

作者团队

霞　子	国家一级作家
高登义	中国科学院大气物理所研究员
苟利军	中国科学院国家天文台研究员
李新正	中国科学院海洋研究所研究员
国连杰	中国科学院地质与地球物理所理学博士，地质学家
张志博	中国科学院声学研究所研究员
冯　麓	中国科学院国家天文台副研究员
王　岚	中国科学院国家天文台副研究员
魏　科	中国科学院大气物理研究所副研究员
申俊峰	中国地质大学教授
袁梓铭	中国科学院海洋研究所博士研究生
张　立	环境评测工程师